世界名犬 鉴赏与驯养

张春红 主编

U0318384

黑龙江科学技术出版社
HEILONGJIANG SCIENCE AND TECHNOLOGY PRESS

图书在版编目（ＣＩＰ）数据

世界名犬鉴赏与驯养 / 张春红主编. — 哈尔滨：
黑龙江科学技术出版社，2017.8（2024.2重印）
ISBN 978-7-5388-9193-5

Ⅰ. ①世… Ⅱ. ①张… Ⅲ. ①犬—鉴赏②犬—驯养
Ⅳ. ①S829.2

中国版本图书馆CIP数据核字(2017)第089655号

世界名犬鉴赏与驯养
SHIJIE MINGQUAN JIANSHANG YU XUNYANG

主　　编	张春红	
责任编辑	王　姝	
出　　版	黑龙江科学技术出版社	
	地址：哈尔滨市南岗区公安街70-2号　邮编：150001	
	电话：（0451）53642106　传真：（0451）53642143	
	网址：www.lkcbs.cn　www.lkpub.cn	
发　　行	全国新华书店	
印　　刷	永清县晔盛亚胶印有限公司	
开　　本	723 mm×1020 mm　1/16	
印　　张	12	
字　　数	220千字	
版　　次	2017年8月第1版	
印　　次	2017年8月第1次印刷　2024年2月第2次印刷	
书　　号	ISBN 978-7-5388-9193-5	
定　　价	68.00元	

【版权所有，请勿翻印、转载】

序

　　狗是人类忠实的"朋友"，拥有大批的宠爱者。现在，可人工饲养的狗有 400 多种，其中很多价格不菲。有很多人想养狗。爱狗的人们希望它们能陪伴自己，与自己共同生活，一起分享生活中的喜怒哀乐。相对而言，狗不像猫个性冷漠乖戾，它们和人类关系非常密切，也非常愿意接近人类，和我们进行情感交流，并忠实地陪伴我们。近年来，狗已经不仅仅是守护家园的工具了，它们已成为我们家中活跃的一分子和最好的伙伴，甚至是生活中最得力的助手。

　　养狗的乐趣很多，能锻炼养犬者的耐心和责任心，通过养狗还可以培养孩子们对动物的爱心和沟通能力。现在的社会已经逐渐步入高龄化阶段，随着家庭结构的变化，老年人经常会感到孤独寂寞，如果有动物陪伴晚年，将能弥补儿孙不在身边的遗憾。养狗需要给予其足够的食物，并且要适当地对其进行训练，还要帮助它们预防疾病和控制性情。我们只有更了解它们，才能和它们建立起亲密的关系，让生活获得无限的乐趣。

目录

狗狗是我们贴心可爱的陪伴者，也是我们最忠实的
"朋友"。
养狗狗的乐趣很多，但一定要具备爱心与耐心，
才能和狗狗建立亲密无间的关系。

PART 01
狗狗的种类

PART 02
养狗狗必知！
了解你的狗狗

PART 03

狗狗喂养大小事

PART 04

狗狗特训开始喽!

PART 05

狗狗生病怎么办？

PART 06

如何让狗狗干净又漂亮 & 狗狗秘密全知道

PART 01

狗狗的种类

温顺可爱的狗狗，是我们人类最好的"朋友"，随时忠诚地守护和陪伴着我们，给我们带来无数的欢乐和笑声。那么，关于我们可爱的"朋友"，你又了解多少呢？你知道狗狗的种类有哪些吗？最受人喜欢的狗狗又有哪些呢？第一次养狗狗的话，又该如何挑选适合自己饲养的狗狗呢？如果你还不是很清楚的话，那就请跟着我们一起走近它们吧！

用途分类法

不同的狗狗用途不同。根据国际惯例，狗狗大致可以分为玩赏犬、单猎犬、牧羊犬、群猎犬、梗犬、工作犬和伴侣犬。

玩赏犬和工作犬

　　玩赏犬最早源于中国古代宫廷，作为宠物饲养，以陪伴为饲养目的，现代成为专供人欣赏嬉戏的犬种。特点是体型小巧玲珑、驯良忠实。品种有吉娃娃、日本犬、博美犬、贵妇犬、冠毛犬等。

　　工作犬大多体型较大，体格强壮，忠于职守，机警聪明，有优秀的判断力和自制力。经过训练后可以帮助主人完成守卫和运输工作。品种有西伯利亚雪橇犬、杜宾犬、沙皮、松狮、拳师犬、伯尔尼山犬、西摩犬、圣伯纳犬等。

POINT 警觉性高、嗅觉灵敏

单猎犬和群猎犬

单猎犬特点是活泼好动、聪明警觉，是一种特别惹人喜欢的宠物犬。可以接受很多任务，如指示捕猎目标、追踪猎物和拾回猎物等。品种有黄金猎犬、美国可卡犬、拉布拉多猎犬、英国可卡犬等。

群猎犬有悠久的狩猎特性，拥有良好的嗅觉，奔跑速度非常快。主要用来帮助人类狩猎、寻找猎物、阻止猎物逃跑、按主人的指示追捕猎物或取回被打中的猎物等，也可以用来看家护院。品种有腊肠犬、阿富汗猎犬、米格鲁犬、巴吉度猎犬等。

牧羊犬、梗犬
和伴侣犬

　　牧羊犬反应灵敏、聪明，有很好的体力，有几千年保护牲畜、管理牧群的历史。品种有苏格兰牧羊犬、彭布罗克柯基犬、老式英国牧羊犬、喜乐蒂牧羊犬等。

　　梗犬是近几百年来英国培育出的新品种。它们精力充沛、活跃好奇，体态大都比较小，样子很有特色，惹人喜欢。品种有西部高地白、约克夏、迷你史纳莎、牛头、迷你宾沙犬等。

　　伴侣犬没有共同的特点及相似的长相，它们的面容、体态和毛色也没有共同点。这类犬是不属于其他六大类犬，而以其实用性进行的分类。人们可以根据需求选择适合自己的伴侣犬。

　　世界各民族都有养犬的习俗。据统计，目前全世界的家犬品种已达450多种。它们大小不一，大者似狼，小者如猫。在面貌和毛色上，因为人类驯养的结果，更是五花八门、千姿百态。创立了动物分类系统及动物命名"双名法"的瑞典著名生物学家林奈先生，将世界上所有家养的犬种统一定名为"家犬"，并一直沿用至今。

体型分类法

根据犬的体型将狗狗分为超小型犬、小型犬、中型犬、大型犬、超大型犬。

超小型犬和小型犬

超小型犬指从出生到成年体重不超过 4 千克，且身高在 25 厘米以下的犬种。它是体型最小的一种狗狗，也称"袖犬""口袋犬"，属于玩赏犬中的珍品。品种有吉娃娃、拉萨狮子狗、法国玩具贵宾犬、博美犬、腊肠犬、马尔济斯犬，等等。

小型犬指成年时体重不超过 10 千克，身高在 26 ～ 40 厘米之间的犬种。体型适中，大多属于玩赏犬。品种有北京狮子狗、西施犬、哈巴狗、冠毛狗、西藏狮子犬、小曼彻斯特犬、猎狐犬、韦尔斯柯基犬、可卡犬等。

不大不小恰恰好

活力十足的中型犬

中型犬指成年时体重在 11 ~ 30 千克，身高在 41 ~ 60 厘米之间的犬种。中型犬天性活泼，分布较广，数量最多，对人类的作用也最大，主要用于看护和狩猎。品种有沙皮狗、松狮犬、猎血犬、斗牛犬、甲斐犬、伯瑞犬、比利牛斯牧羊犬、拳狮犬等。

和小型犬或大型犬相比，中型犬的生长速度中等，它们大多拥有超强的勇气、活力和体能条件，它们的天性能够胜任密集的工作，然而今天它们的活动范围常常只是局限在城市里。尽管如此，它们仍然属于活动力很强的犬种。

大型犬和超大型犬

大型犬指成年时体重在 30 ~ 40 千克，身高在 61 ~ 70 厘米的犬种。其体格魁梧，不易驯服，勇猛忠诚，可作为军用犬、警犬和猎犬，也可作为护身用的工作犬、赛犬、导盲犬和牧羊犬，用途广泛，专家们认为这是最有魅力的类型。品种有日本秋田犬、英国猎血犬、老式英国牧羊犬、德国洛威犬、杜伯文警犬、阿拉斯加雪橇犬、大麦町犬等。

超大型犬指成年时体重在 41 千克以上，身高在 71 厘米以上的犬种，它们多用于工作或在军中服役。品种有大丹犬、大白熊犬、圣伯纳犬、纽芬兰犬等。

家庭饲养犬

犬类品种繁多，但并不是所有的犬种都适合家养。下面我们介绍的是适合家养的各种犬种，以及现在家庭中饲养较多的犬种。

适合饲养的犬种

　　世界上知名的犬种很多，如巴赛特猎犬、约克夏猎犬、巴哥犬、北京犬、博美犬、布鲁塞尔犬、德国狼犬、蝴蝶犬、卷毛比熊犬、可蒙犬、腊肠犬、马尔济斯犬、沙皮犬、西施犬、中国冠毛犬、匈牙利波利犬、迷你腊肠犬、斯塔福牛头犬、阿拉斯加雪橇犬、中国沙皮犬、阿富汗猎犬、巴吉度犬、贝灵顿猎犬、斗牛犬、大麦町犬、贵宾犬、金色猎犬、可卡猎鹬犬、拉萨狮子犬、奇瓦犬、拳师犬、日本狗、松狮犬、西高地白猎犬、喜乐蒂牧羊犬、查理士王小猎犬、冰岛犬、拉坎诺斯犬、意大利猎犬，以及澳大利亚丝毛犬等。

　　在众多的品种中，适合家庭饲养的狗狗有苏格兰牧羊犬、博美犬、约克夏犬、西施犬、贵宾犬、英国斗牛犬、吉娃娃、拉布拉多猎犬、黄金猎犬、沙皮犬、西伯利亚雪橇犬、柯基犬、骑士查理王犬、北京犬、卷毛比熊犬、西摩犬、美国可卡犬、冠毛犬、腊肠犬，以及斗牛犬等。

受欢迎的狗狗

目前，在一般家庭中，比较常见的品种有苏格兰牧羊犬、博美犬、约克夏犬、西施犬、贵宾犬、英国斗牛犬、吉娃娃等。

小松鼠博美犬

博美犬是原产于德国的玩赏犬，别名松鼠犬。博美犬原是从冰岛的雪橇犬配殖出来的，祖先可推至石器时代的古犬。博美犬头圆，前额略微凸出，嘴小而尖，小耳，杏眼，体形均匀，尾小，因与松鼠极其相似而被命名为"松鼠犬"。被毛光艳，上层直立粗壮，下层是柔软的绒毛；毛色有茶色、米色、黑色、白色，以金黄色为最佳。博美犬活泼调皮、聪明，非常容易融入家庭。早期曾作为护卫犬和牧羊犬，到了文艺复兴时期成了标准的伴侣犬，现已成为世界名贵的玩赏犬。经过训练后，博美犬可做助听犬，亦可被训练为搜寻犬、拯救犬和治疗犬。

英国贵族约克夏

　　约克夏犬是原产于英国约克夏郡的一种玩赏犬。它是史凯犬、丹第丁蒙犬和马尔济斯犬交配繁衍出来的犬种，是世界上较小的犬种之一。1886 年被英国凯尼尔爱犬俱乐部登记承认，成为当时具有国际水平的犬种，是小型宠物犬中较受欢迎的一种。过去在英国的约克夏犬身带有黑色，经过一再改良之后呈现出美丽的深蓝色。约克夏犬头部为华丽鲜艳的棕黄色长毛，头小、眼亮，四肢毛呈深褐色。背毛丰厚，长而直，呈绸缎状，柔滑如丝。像少女秀发一般的长毛，比皮草的色调还要美丽。约克夏犬性格温驯、机灵、忠诚、热情、活泼，感觉敏锐，保有小猎犬的性格，有喜欢撒娇的特点和贵族犬的派头。

国色天香西施犬

　　西施犬是一种产于中国西藏的玩赏犬，别名菊花狗。西施犬的祖先生活在中国西藏，公元 6 世纪的绘画中已有类似西施犬的一种西藏小狗。到公元 20 世纪 30 年代，英国旅行者将其带到欧洲，外国人称之为"西施犬"，以示它像中国美人西施那样国色天香。从外形看，西施犬有北京犬的血统，备受各国养犬者的喜欢。西施犬脸部短而饱满，眼睛有神，两眼间距大，体小灵活，四肢短，尾巴上翘。身上的长毛很厚，稍有弯曲，下面的毛柔软。一般没有纯色的西施犬，其中以前额有像火焰状的白斑及尾端有白毛者为佳。西施犬明快敏捷、活泼好动、自命清高，在特殊情况下还能发挥工作犬刻苦耐劳的特性。

优秀的苏格兰牧羊犬

　　苏格兰牧羊犬原产于英国，最早生活在寒冷的苏格兰北部，主要用来工作。后来逐渐成为伴侣犬，曾受到伊丽莎白女王的宠爱。性格温顺，容易驯服，忠实可靠，其优雅华丽的外表，尤其让很多人为之倾倒。被毛长而富有光泽，除了头和四肢外，全身有相当多的被毛。毛色为银黑色、三色（绯、黑、白）、云石色（浅灰蓝色加浅灰色和白色）。苏格兰牧羊犬活泼好动、感受力强、忠诚，是非常优秀的牧羊犬和宠物犬。

洁白的马尔济斯

马尔济斯犬种约有三千年的历史，是较古老的赏玩犬之一。其性格温驯乖巧、黏人贴心、敏感顾家、活泼好客，再加上体型娇小、毛色纯白，十分可爱。具有小型犬的神经质特性，比较容易紧张。马尔济斯的长毛是照顾的重点，要尽量不让纯白发亮的毛变脏、变黄、变黑，特别是眼部与嘴部的毛需要努力细心照顾。如果不时常修剪梳洗，细而柔的长毛很容易纠缠成毛球，进而引发皮肤病，所以也常有养犬者将其修剪为短毛型，以减少麻烦。不过马尔济斯不太会掉毛，也不会季节性换毛，为其优点之一。

顽皮的拉布拉多

　　拉布拉多犬据说是 16 世纪搭乘到北美大陆沿岸捕鱼的英国籍北欧渔船，远渡到加拿大拉布拉多半岛上的狗的后代。由于其脾气随和，被公认为是适应任何生活方式的宠物犬。为保持自身健康，拉布拉多需要较多的训练，喜欢水是它们的习性，因此，应让它们定期游泳。因智商高且易解言语，又反应敏捷，是适合家庭饲养的犬种之一。受训后可被当作工作犬承担看护小孩、看门、导盲、毒品搜索等各种工作。此外，拉布拉多犬具有较顽皮的个性，需好好教养；在饮食方面，食量较大，要避免过胖，注意其成长期的体重管理。

动作敏捷、反应迅速

超人气黄金猎犬

　　黄金猎犬原产地为英国，体格强壮不怕冷，被毛丰富，但容易整理，不容易打结，金黄色的被毛备受大家喜爱。性格活泼开朗，喜欢亲近人，擅长游泳。天性喜欢拾回物品，不会乱叫，虽然是大型犬，但是也可轻松地饲养在公寓中。现代的黄金猎犬具有高度的机动性，有越来越多的黄金猎犬被训练成为导盲犬，同时也是与盲人相处愉快的好伙伴。在美国，黄金猎犬以准确性、可塑性、动作敏捷、快速反应和讨人喜欢等特质在服从竞赛和秀场当中大放异彩。黄金猎犬需要大量的运动，以防体重过重。

相似的柴犬和秋田犬

　　秋田犬感情丰富，对主人特别忠实，身体强健，喜欢运动；柴犬则警觉性高，性格活泼开朗。秋田犬的被毛属中长毛，整体看起来较为蓬松，毛色有赤色、白色和虎斑色；而柴犬的被毛因为比较短，看起来像是伏贴在狗狗身上一样，至于颜色，有跟秋田一样的赤色，另外还有黑色。秋田犬的嘴巴部分较为厚实，嘴角大部分呈上扬状，表情看起来呈现笑脸；相较于秋田的嘴而言，柴犬在比例上来说，嘴巴看起来较尖，也比较长一些。秋田犬尾巴的毛质相当丰满，整体看上去屁股较为丰腴，尾巴的毛也较蓬松；至于柴犬的尾巴同前面提到的，因为毛伏贴的关系，看起来尾巴就比较短，毛比较少一些。

POINT 服从性高、容易训练

小矮子柯基犬

柯基犬原产于英国威尔斯，"柯基"在威尔斯语中的意思是矮犬，平均高度为 25~30 厘米。原本培养用来放牧牛羊，低矮的身材让它们免于被牛踢到。服从性高，容易训练，忠诚聪明又黏人；敏捷健壮，在敏捷犬比赛中往往表现杰出。分成卡迪根（Cardigan）跟彭布罗克（Pembroke）两个品种，卡迪根身材较大，有着较大的圆耳跟狐狸般下垂的尾巴；彭布罗克的特征则是较圆的耳朵跟较小的身材。因胃口极好，需注意其体重的控制，否则会变成短腿肿身狗。

优雅雍容贵宾犬

　　贵宾犬又名贵妇犬，分为巨型贵宾犬、标准型贵宾犬、迷你型贵宾犬、玩具型贵宾犬。贵宾犬是很活跃、机警而且行动优雅的犬种，拥有很好的身体比例和矫健的动作，显示出一种自信的姿态；其毛发经过修剪和仔细的梳理后，会显示出与生俱来的那种独特而又高贵的气质。它智商很高、善解人意、温驯、友善机警，是动物特技表演中的重要明星。不过贵宾犬非常害怕孤独，需要主人用宠爱陪伴它生活，喜欢被关怀与注意。幼犬时期容易前肢骨折，需避免跳跃动作；老年则需注意后膝十字韧带易位。红贵宾因血统遗传疾病，成年后容易罹患缺血性股骨头坏死症。

面恶心善斗牛犬

　　斗牛犬是禁止以狗斗牛后改良而成的赏玩犬，有英国斗牛犬与法国斗牛犬两种，其中英国斗牛犬因遗传缺陷，较难自行交配，需人工授精、剖宫生产才能顺利繁殖。斗牛犬是面恶心善的狗狗，本性温和，爱撒娇。在饲养方面要特别注意，如果豢养在潮湿的环境，要特别小心感染皮肤病；它的嘴宽，但气管狭窄，平时呼吸声大，睡觉时会打鼾；此外，还非常容易中暑，夏季不待在冷气房也要待在通风良好的地方，并且应随时为其提供饮用水。斗牛犬的皮脂分泌旺盛，容易罹患皮肤病（感染霉菌、异位性皮肤炎等），体味也较重；因先天遗传，髋关节容易发生疾病，需避免爬山、上下楼梯等运动。

POINT 善良温和、平易近人

讨喜的英国古代牧羊犬

　　这种狗狗聪明活泼、善良温和、平易近人，是一种以放牧家畜和宠物为目的而培育的犬种。英国古代牧羊犬的特征是灰白的长毛和头上盖眼的毛发。古代牧羊犬通常能和小朋友、其他宠物和客人和平共处，是有灵性且忠实的绝佳伙伴。幼犬出生时全身覆盖着熊猫般的黑色和白色短毛，只有在退去幼毛之后，银灰色的长毛才会出现。在饲养古代牧羊犬之前，养犬者必须意识到这种狗需要频繁地梳毛和整理。古代牧羊犬的长毛不但保护其不受寒风，而且对阳光与热也有防范作用。

怕冷的吉娃娃

　　吉娃娃体型娇小，敏感机警，生性勇敢；对冷很敏感，喜欢热，爱晒太阳。此犬种有许多形态，如不同花色和长短毛之分。以长短毛来分，短毛吉娃娃是我们目前较常见的，而长毛吉娃娃身上的毛光泽且柔软，后肢肌肉较发达。在花色方面，以前以黑色品种居多，不过现在毛色已呈多样化，包括奶油色、红色、褐色、黑色中掺有黄褐色以及各种混色。由于它们的体型很小，所以极容易受到伤害，因此吉娃娃犬并不适合作为小孩的宠物，而最适合作为高龄长者身边的玩伴，或单身女性的宠物。

猎兔高手米格鲁

　　米格鲁又称小猎犬、猎兔犬。在 16 世纪到 17 世纪的时期，英国正值狩猎风潮，皇室养育了许多名犬以配合皇家出游打猎，短小精悍的米格鲁被训练用于专门狩猎小型猎物。小型猎物中以兔子最为灵敏与珍贵，因此兔子经常是米格鲁猎捕的重要对象，因此米格鲁被称为猎兔犬。米格鲁为原生犬种，血统纯正，对疫苗药品反应典型，所以常作为医学实验动物。它们性格调皮，活动量大，嗅觉灵敏，身手矫健，抵抗力强。因原为捕野兔野鸟的猎犬，活动力高，好奇心盛，又吠声高亢，好动而破坏力强，养犬者在管教方面需多下功夫。

结实健壮、活泼调皮

长长胡须雪纳瑞

    雪纳瑞属于梗犬类，其名字 Schnauzer 是德语的"口吻"之意，源起于 19 世纪末期的德国，是唯一在梗犬类中不含英国血统的品种。它既是机灵及活力充沛的犬种，又是优良的家庭犬。一般可分成三种类型：迷你型、标准型及巨型，三种类型的雪纳瑞都拥有明显的胡须。雪纳瑞结实健壮、活泼调皮，但忠诚，适合有孩童的家庭豢养。在幼犬时期需特别照顾，一般而言，一周为其洗澡一次即可，洗后需注意应将其毛发完全吹干，否则极易罹患感冒、皮肤疾病；除此之外，耳朵也需清洁，可使用耳朵清洁液帮它清洁，以免引发耳疥虫寄生及罹患耳炎。

忠诚顽皮、嗅觉灵敏

四肢短短腊肠犬

　　腊肠犬是忠诚顽皮、嗅觉灵敏的犬种，喜爱追逐小动物和小鸟。它有着弯曲的双腿，松软的皮肤和突出的胸部，许多特性被人为地培养来增强它在狭小空间的活动能力。根据皮毛，可以分为三种类型：光毛型、长毛型和刚毛型。刚毛型的脊骨通常比另外两种要短。由于四肢矮短，行走时易弄脏身体，故应用毛巾拭掉身体上的污物，以保持被毛光泽。长毛品种更要注意时常梳理毛发。腊肠犬的牙齿容易长齿垢，应定期予以清除；脊椎骨很长，不宜训练跳跃，更不要只握前肢拉起它或让它上下高层楼梯，以免脊椎骨移位或发生其他疾病。

POINT　免疫力强、聪明忠心

混血儿米克斯

　　米克斯是狗狗界的混血儿，免疫力强、聪明忠心。由于米克斯的基因广大而多样、体型适中，不容易出现心脏、神经系统、骨骼肌肉方面的遗传性疾病，对细菌及病毒性等传染疾病免疫能力也比纯种狗强。绝大部分的混种狗个性较为稳定、温驯，极容易训练。大部分人会因为居住空间较小而偏好体型娇小的纯种犬，但只要养犬者给予足够的爱心与耐心，做好居家及服从训练，在公寓中养一只有规矩的中型米克斯，也是很好的选择。

POINT 忠诚勇敢、聪明敏捷

德国牧羊犬

　　德国牧羊犬又称德国狼犬。德国牧羊犬很聪明，在所有犬类的智商排名中排行第三。它们敏捷且适合动作式的工作环境，它们经常被委派执行各种任务，例如护卫、搜索及救援等，它们也适合为盲者做导盲犬的工作。虽然富有攻击性，但对主人忠诚、勇敢、不固执。经常采取比较直接的行动，狡猾的性格相对少见。在一般情况下，或者不涉及其工作内容，很少表现出敌意。从不主动欺负弱小，除非某弱小在欺负更弱小的某目标，德国牧羊犬会根据情况给予惩罚或维护更弱小的目标。常见的情况是，某恶犬在追逐主人朋友的小犬，这时德国牧羊犬通常会挺身而出，对该恶犬进行惩罚。

西伯利亚雪橇犬

西伯利亚雪橇犬是一种原产于西伯利亚东部的工作犬，常见别名哈士奇。有着能在北极严寒环境中繁衍生息的能力，因此西伯利亚雪橇犬是一种适应力很强的犬种。它们最早是由西伯利亚东部的楚科奇族部落居民饲养，用于狩猎驯鹿、拖曳雪橇，或者照顾幼儿，使孩子们远离寒冷。有着狼一般令人害怕的外观，西伯利亚雪橇犬的性情却很温顺。由于是一种工作犬，它们精力充沛，喜欢探索和运动，这使得它们成为广受欢迎的家庭宠物和经常用于展示的犬种。西伯利亚雪橇犬可以表现出对人类深厚的感情和强烈的好奇，并且喜爱和人类相处，这种特点又使得它们不能成为尽职的看门狗。

极富智慧的杜宾犬

　　杜宾犬即笃宾犬。原产德国，它是根据培育这一品系人的名字路易斯·杜宾曼先生命名的，是所有品系中极富智慧并且身体结构最为优秀、气质最为高贵的一种犬。杜宾犬胆大、敏感、坚决、果断、好撕咬、聪明，是天生的警卫犬。在我国，杜宾犬通常被用于护卫和狩猎。杜宾犬在饲养过程中最重要的问题就是耳朵方面的问题，杜宾犬是要做剪耳的，耳朵剪得好坏决定了这条杜宾犬的相貌与气质。

微笑天使萨摩耶犬

　　萨摩耶犬，别名萨摩耶，原是西伯利亚的原住民萨摩耶族培育出的犬种。它机警，强壮，灵活，美丽，高贵优雅，乖巧可爱，有着引人注目的外表，体格强健，有"微笑天使"的称号，也有着"微笑天使面孔，捣蛋魔鬼内心"之称，一岁前调皮、灵动。萨摩耶犬的颜色为白色，部分带有很浅的浅棕色、奶酪色，除此之外其他颜色都属于失格。世界上曾出现过一只灰白色萨摩，FCI（世界犬业联盟）承认它是具有纯种血统萨摩耶基因的返祖萨摩。黑色萨摩耶犬则极为罕见。

富有魅力、高雅可爱

体贴可爱的巴哥犬

　　巴哥犬，原产于中国，富有魅力而且高雅，14 世纪末正式命名为"巴哥"，其词意古语为"锤头""小丑"，即狮子鼻子或小猴子的意思。巴哥犬容易有睫毛倒插的毛病，头部皱褶多，也容易泪管阻塞，因而有两条明显的泪痕。巴哥犬是体贴、可爱的小型犬种，不需要运动或经常整理被毛，但需要陪伴。容貌皱纹较多，走起路来像拳击手，它以咕噜的呼吸声及像马一样抽鼻子的声音作为沟通的方式。同时，此犬具备爱干净的个性。

满身斑点的大麦町犬

　　大麦町犬，也叫斑点狗，原产地为南斯拉夫。平静而警惕，轮廓匀称，强健，肌肉发达，活泼，毫不羞怯，聪明伶俐，听话易训，感觉敏锐，警戒心强，容易与小孩相处。大麦町犬具有极大的耐力，而且奔跑速度相当快。后躯有力，拥有平滑且清晰的肌肉。大麦町犬因为拥有出色的奔跑与撕咬能力，所以也经常被用于比赛犬。大麦町犬出生时是白色的，小狗阶段时身上出现轻微的斑点，随着逐渐长大，斑点也变得明显，并成为其特有的标志。大麦町犬个体较大，加上它原是拖曳犬和狩猎犬，比较爱动，因而食物的消耗量也比较大，所以饲料的供给应比其他犬种要多一些。

POINT 活泼机敏、白色骑士

活泼机敏的牛头梗

　　不了解牛头梗的人并不知道牛头梗其实是一种很友善的犬，它就是靠其性情才繁衍兴旺的，有时也争斗和嬉戏。牛头梗拥有作为一种斗犬的完美特性——活泼和机敏。牛头梗天生性情活泼、兴奋度极高，个体犬只经过人为的训练后具有争斗性，在犬类中从不让步，甚至伤害其他犬类。但牛头梗相对来说性格还是比较温顺、聪明听话的，对主人忠心而且服从性强，对儿童特别和善友好、亲切耐心。牛头梗是贵宾犬的性格和斗犬身材的结合体，如训练得当，可成为忠实的家庭守卫犬。

怀抱里的卷毛比熊犬

　　卷毛比熊犬又称维·弗里塞犬，是一种优良的怀抱犬，从 13 世纪至 14 世纪时已出现类似今天形状的犬种，原是由西班牙领地加纳利群岛的土犬改良而来的。其祖先具有水中猎鹬犬的血统，受马尔他岛犬和长卷毛犬的影响而被改良。虽然个子小，却个性突出，天性活泼，爱好自由，能给主人带来无穷的乐趣。它柔软带卷的被毛需要修剪，以展示它美丽动人的黑眼睛，以及身体和头部的圆形特征。当安静时，它看起来像小孩们雪白的、毛茸茸的玩具；运动起来时，它又像喷出来的棉花糖。

富有感情的哈瓦那犬

哈瓦那犬是一种坚强的短腿小型犬，具有柔软而厚密的毛发（未经修剪的话）。它的多毛尾巴弯曲翘向后背，让其成为一种富有感情、令人喜欢的犬，步态轻盈。原产于古巴，起源于 18 世纪，据说是水手从加那利群岛带到古巴的。它在美国很受欢迎。哈瓦那犬虽然是长毛犬，但狗毛很少掉，而且它们的毛质和人的很类似，所以此犬种是为数不多的不会导致人类毛发过敏的狗狗。安静，不需要太大活动空间。如果你比较懒，懒得经常遛狗，也没关系，哈瓦那犬个性安静，不需要太多的活动。此类狗也适合在城市公寓内饲养。

POINT 行动谨慎、性情温和

追踪能力强的巴塞特猎犬

　　巴塞特猎犬身材矮，像是要伏在地面似的；头部与耳朵较大，腿短，身躯成桶状。巴塞特猎犬有一些显著的特点，使它具有进行追踪和穿过艰难地带的突出能力。与其他品种的猎犬相比，它的骨骼最重，但它行动谨慎，决不笨拙。它性情温和，在田间活动时，它具有极强的耐力和极大的热情。巴塞特猎犬毛短，毛色以花色（白、黑、茶）或双色为主；毛发较硬，短而光滑，十分浓密，皮松弛而有弹性。

表现欲强的京巴犬

京巴犬又称宫廷狮子狗、北京犬，是中国古老的犬种，已有四千年的历史，"护门神麒麟"就是它的化身。京巴犬是一种平衡良好、结构紧凑的狗，前躯重而后躯轻。它个性突出，表现欲强，其形象酷似狮子。它代表的勇气、大胆、自尊更胜于漂亮、优雅或精致。北京犬气质高贵、聪慧、机灵、勇敢、倔强，性情温顺可爱，对主人极有感情，对陌生人则防范意识强。它的毛色以棕色、浅棕色为主，嘴阔毛色为黑色；纯白色则不被接受。

满嘴短毛的布鲁塞尔犬

　　布鲁塞尔犬，嘴角长满须，大眼睛，体型短且粗胖，短耳，短尾，体健易养。若是长毛种，则密生着钢丝般的毛；若是短毛种，其毛虽硬，却有弹性。毛色近乎红色，长毛种中也有黑色的。它原是 15 世纪比利时的本地犬，1880 年与狮子狗交配后出现了满嘴短毛的犬种，之后又混进了意大利狗的血统。它给人一种机灵、懂人性的感觉，不论是达官贵人还是贫民布衣都十分喜爱这种狗。它同以貌驰名的德国犬相比，另有一番风采。其表情与人类神似，给人一种愉快的感觉，故十分招人喜爱。

电影配角西高地白梗

　　西高地白梗是一种小型、爱玩、协调、坚定的梗类犬，具有良好的艺术气质，非常自负，身体结构结实，胸部和后腰较深，后背笔直，后躯有力，腿部肌肉发达，显示出强大的力量和活力。该犬体型小巧玲珑，习惯公寓生活，毛质硬而且滑顺、脸颊毛直立，外观可爱，是电影里经常上镜的配角。体质强健，性格温和，活泼好动，有耐力，能长时间、长距离地随人或车奔跑，自信心强，极富感情，对主人忠实而开朗。对于每一个家庭成员来说，西高地白梗都是令人愉快的伴侣，是合适的家庭犬。饲养时必须保证其一定的运动量，应经常让其进行户外活动。

掌中珍宝蝴蝶犬

蝴蝶犬 16 世纪时起源于西班牙，也有人认为起源于法国。身高 28 厘米以下，体重 3.6 ～ 4.5 千克，寿命 10~14 岁。毛色有黑色和白色的、褐色和白色的，或白色和黑色带有棕褐色斑块的。该犬因两耳直立外展，酷似蝴蝶的翅膀而得名。蝴蝶犬引进法国后，当时出入法国皇宫和贵族之门，成为权贵家庭中贵妇的掌中珍宝。蝴蝶犬性格平和，活泼，顺从，适应性强，适合作伴侣犬。体格比外表看起来强壮，喜欢户外运动。本犬对主人极具独占心，对第三者会起妒忌之心。它对主人热情、温顺，对陌生人则较冷漠。

愁眉不展的沙皮犬

　　沙皮犬是世界稀有犬种。它带有王者之气，警惕，聪明，威严，贵族气质，愁眉不展，镇定而骄傲，天性中立而且对陌生人有点冷淡；但将全部的爱都投入家庭中。沙皮犬站在那里，显得平静而自信。它的性情非常活泼，而且性格温顺。沙皮犬活泼好动，需要适量运动，但鼻道较短，剧烈运动易缺氧，因此最好清晨或黄昏带其到户外散步。沙皮狗个性较强，它们不容易被训练，不容易与其他的宠物狗相处。但整体来说，饲养沙皮狗还是非常容易、非常简单的一件事情。

充满活力、非常傲娇

结实有力的阿拉斯加雪橇犬

　　阿拉斯加雪橇犬结实有力，肌肉发达而且胸很深。当它们站立时，头部竖直，眼神显得警惕、好奇，给人的感觉是充满活力而且非常傲娇。头部宽阔，耳朵呈三角形，警惕状态时保持竖立。口大，宽度从根部向鼻尖渐收，嘴既不显得长而突出，也不显得粗短。被毛浓密，有足够的长度以保护内层柔软的底毛。阿拉斯加雪橇犬有各种不同的颜色，如灰、黑白、红棕。阿拉斯加雪橇犬忠实，能力强，是优秀的警备犬和工作犬，也是富有感情的家庭犬，并且酷爱户外运动，少年时期逐渐开始需要很大的运动量。

爱搞破坏的美国可卡犬

　　美国可卡犬，又称可卡猎、斗鸡猎、斗鸡犬、可卡长毛，原产于美国。头部短而纤细，身躯长度适中，有足够的底毛提供保护。耳朵、胸部、腹部及腿部，有大量羽状饰毛。被毛是丝状、平坦或略微呈波浪状的，其质地使被毛很容易打理。毛色有黑色、褐色、红棕、浅黄、银色以及黑白混合等色。耳朵太长，要经常护理，体味有些大，而且易掉毛。性情温和，性格开朗，精力充沛，热情友好，机警敏捷，外观可爱甜美，易于服从，忠实主人。活泼、聪明，但爱搞破坏，沙发角、椅子腿、墙皮等处是重灾区。对可卡犬的训练非常重要，不可以任其自然发展，否则容易养成它任性与固执的坏毛病。

POINT 表情悲苦、性格温顺

圆滚滚的松狮犬

松狮犬是原产于中国西藏的古老犬种，至少有 2000 年的历史了，汉朝有些文物中也可见到。它真正的名字是獢獢，松狮是进入外国又传回中国的名字，英文名 Chow Chow，常常简称为 Chow。这种古老的品种，可能因其头部酷似雄狮而得名。松狮犬集美丽、高贵和自然于一身，一脸典型的悲苦表情更添情趣。现在松狮犬因其可爱的外表已被人类视作理想的家居宠物，主要作为伴侣犬。成年松狮犬体重约 20 千克，身高约 50 厘米，性格较温顺，可作为狩猎犬、拖曳犬、护卫犬、伴侣犬使用。

PART 02

养狗狗必知！
了解你的狗狗

当你决定把可爱的狗狗带回家时，你一定要做好充分的心

理准备。狗狗是需要我们花时间和精力去呵护和照顾的，

赶快了解一些狗狗饲养和管理的基础知识吧，帮狗狗置办

一个温馨舒适的安乐窝。

要如何
选购合适的狗狗呢？

把狗狗带回家之前，一定要综合考虑自己的实际情况，看看你的经济情况、精力、照顾生命的能力
是否适合喂养一只狗。如果答案是肯定的，那就要学会如何去挑选一只适合自己的健康活泼的狗狗。
这点非常重要，选择一只健康活泼的狗狗，是你进行轻松养狗旅程的首要条件。接下来要介绍不同
狗狗的个性以及选择、观察狗狗的要领，希望大家都能找到合适的宠物朋友，让狗狗陪着你一起度
过人生中大大小小的日子。

你适合养狗吗?

作为狗狗的监护人，必须意识到狗狗是活生生的、有感情的动物，而不只是玩偶，它需要特别的关爱。在决定饲养之前，你还必须仔细考虑自己的经济能力、空余时间和家庭环境等因素。有一定的经济承受能力、优越的环境和宽裕的时间，才能照顾出健康漂亮的狗狗。因此，在买狗狗前可以先问自己以下几个问题，如果有些答案是否定的，那么得请你再考虑一下。狗狗一旦被转送甚至遗弃的话，将会给它带来极大的伤害。

★ 是否真的很喜欢狗狗？

★ 家里是否有足够的空间让狗狗活动？

★ 能否不让狗狗长时间被关在笼内或被拴绑起来？

★ 是否有耐心每天喂狗狗并清理它的排泄物？

★ 是否每天都能够抽出一定的时间来陪伴狗狗？

★ 是否愿意花时间训练狗狗的基本生活习惯？

★ 是否能接受狗狗也会长大、变老，变得不那么可爱、漂亮的现实？

★ 狗狗生病时，是否愿意花钱及花时间带狗狗去就医？

★ 家中所有人是否都喜爱狗狗，并愿意分担照顾狗狗的工作？

★ 是否能中途不放弃，持续养狗狗十几年？

★ 是否能保证不会给周围的人带来麻烦？

狗狗的
个性大不同喔！

喜欢狗狗并决定饲养一只狗狗，并不意味着你可以随意买狗狗来喂养，你应该考虑自己的真实需要，并充分了解各种狗狗的特性，以便做出合适的选择。下面将一些常见的犬种按个性特质大概分成五种类别，分别是对人友善的狗狗、居家可靠的狗狗、防卫力强的狗狗、独立自信的狗狗以及容易训练的狗狗，不同个性的狗狗也适合不同的主人，想要和狗狗愉快地相处就要仔细地考虑，希望以下的介绍对你挑选狗狗能有所帮助。

友善和可靠的狗狗

　　对人友善的狗狗有拉布拉多犬、黄金猎犬、柯利犬、拳师犬、伯尔尼山犬、纽芬兰犬、寻血犬、大丹犬、英国牧羊犬、圣伯纳犬等。优点是喜欢与人接近，在家不会乱吠，成熟稳重，能够安于居家的生活。缺点是虽然体型够大，却不适合看家。

　　居家可靠的狗狗有博美犬、吉娃娃、北京犬、马尔济斯、哈巴狗、拉萨犬。优点是体型娇小，外观漂亮，容易与人亲近，乖巧听话，适合养在室内。缺点是大多数为长毛狗，照顾上较为麻烦，依赖性强，生命力较弱。

防卫力强和独立的狗狗

　　防卫力强的狗狗有罗德西亚犬、松狮犬、牛头犬、獒犬、罗威纳犬、高加索山脉犬、秋田犬。优点是体格健壮，防守能力很强，陌生人很难接近。缺点是与家人亲近程度平淡，须严加管教或训练，否则很难控制。

　　独立自信的狗狗有哈士奇、阿拉斯加犬、萨摩耶犬、柴犬、阿富汗犬、约克夏、雪纳瑞犬、米格鲁猎犬、波音达猎犬。优点是独立，自主性强，无须特别照料。缺点是生性顽劣，必须先了解其特质，才能对其进行有效的控制。

容易训练的狗狗

容易训练的狗狗是许多第一次养狗狗的人的最佳选择，好训练的狗狗听话且聪明，

是主人的好帮手，其品种和优缺点如下：

①**品种**：狼犬、澳洲牧羊犬、比利时牧羊犬、杜宾犬、贵宾犬。

②**优点**：聪明善学，身手敏捷，适应环境能力强，有些可以看家。

③**缺点**：活动力强，喜欢室外活动，部分狗狗如果运动量不够，会出现神经质的现象，

比如乱跑乱吠。

安家落户

把狗狗带回家了，你要做的第一件大事就是帮它安置一个舒服安适的家，创造良好的生活环境，为它拉开完美生活的序幕。

温暖舒适的小窝 ——————————————

　　狗也像人一样，需要有一个温暖舒适的家，一个属于自己的安静自由的空间。所以，你要努力为宝贝狗打造柔软暖和的小窝和安全的生活环境。在带它回家之前，要对家中的环境进行仔细检查，它的生活地带里不能出现危险的东西，以防狗狗被伤害。各种清洁剂、电线、纽扣、细线、缝纫针、大头针和危险的植物等都可能对其造成意外伤害，请将没有使用的插座用胶带覆盖，以确保安全。此外，不要在狗的脖子上绑丝带，如果被它吞掉，可能会导致消化疾病。如果脖子上的丝带被其他物品钩住，还可能导致狗狗窒息。

　　一般来说，家犬的活动范围都在房内，但狗狗也需要一个温暖、舒适的地方睡觉，我们可以根据狗狗的体型大小来选购合适的狗窝。狗窝通常有封闭式的塑料狗窝和金属狗窝两种。

狗狗的厕所

狗狗的洁具最好由托盘和栅栏两部分组成。托盘的作用是将狗的排泄物与地板隔开并收集在一起，以便清理。栅栏的作用是将宠物的身体与托盘内尿液隔开，保持宠物身体的干净。洁具选用的材料应弹性适中，以不伤害狗狗的脚为宜。洁具应该放在平整的地面上，因为狗不喜欢在睡觉和吃饭的地方大小便，最好距离狗窝两米以外。

狗狗需要的
各式各样日常用品

就像我们需要牙刷和毛巾一样，狗狗也需要有自己
的日常生活用品。喂食用的餐具、遛狗用的狗链、
旅游用的旅行袋等等，都是狗狗日常生活中必不可
少的用品。

狗狗的日常用品有很多，但并不是每一样都是必需的，有些用品只是为了带给狗狗和主人更多的便利性，不过带狗狗散步会用到的颈圈和狗链、狗狗吃饭的餐具和玩乐的玩具，以及帮助狗狗清洁卫生的梳子、洁牙骨等，最好都购买齐全。

颈圈

狗狗的颈圈用于套住其颈部，应由轻巧的尼龙或皮革材料制成，大小要合适。在颈圈上贴一个标签，标明狗狗的名字及主人的联系方式。

狗链

一般来说，狗链的长度在 1.3 米左右较为合适。狗链有皮革和伸缩尼龙等多种材料和样式可供选择。

食具

一般由陶瓷或金属制成，容易清洗。请选择不会翻倒的食具，并且将食物和水分开盛装在不同的食具里。

玩具

玩具可以帮助狗狗运动，也可以满足它想咬东西的欲望。为狗狗选择的玩具，必须是不易碎裂且不能被狗狗撕开或吞食的。

梳子

想要让狗狗有一身漂亮柔顺的毛发，一定要时常帮狗狗梳理。梳子的种类很多，选择合适的梳子，才能达到效果。

洁牙骨

选择一个好的洁牙骨，可以减少狗狗的牙菌斑跟牙结石堆积，让狗狗远离牙周病，使其牙齿更健康、更洁白。

指甲剪

狗狗的指甲就像人的一样，也需要定期修剪与保养，因为过长的指甲可能会影响到狗狗走路，甚至伤到它的肉垫。

旅行袋

旅行袋用于外出时携带狗狗，方便清洁卫生，有皮革、帆布和尼龙等多种材质和款式可供选择，要根据狗狗的身材大小加以挑选。

读懂连篇狗话

狗狗其实和人一样有属于它们自己的语言。所以，想和你的狗狗顺利地交流，就一定要清楚一些"狗言狗语"。

俯首、轻舔、爬跨

当狗狗把身体后端抬高，前端俯低，尾巴起劲地摇动，眼睛也闪闪发亮时，它是在对你说："一起来玩吧！"如果这个时候你表情严肃，它会用特别友善的方式表达，以期待引起你的注意，挑动你的情绪。这时候，请尽量接受它的邀请，哪怕只玩一会儿，都是对它友好邀请的响应。

如果你的狗狗不停地用舌头舔自己的鼻头，那么，它显然有些不安。它也许正在判断一个新的情况，或是为该不该接近某位客人而犹豫不决，也可能是在集中精神试图理解一个新的口令。如果不是很熟悉的狗狗，你千万不要贸然接近那些不停地舔鼻头的狗狗，此时它可能非常紧张，所以可能会对你造成伤害。当然，对于那些站在饭桌旁对着晚餐大舔鼻头的狗狗，其含义是不言而喻的。

当你的狗狗爬跨到另一只狗狗身上，或是站起来用爪子按住其他狗狗的身体时，它其实是在说："我才是头犬，你可别忘了这一点！"爬跨并不是狗绅士才有的行为，有些争强好胜的狗小姐也会这么做。犬主人们常常不明白同性狗狗之间为什么也会爬跨，其实这只是一种征服性的动作，很少有性的意味。

翻身和拱背

如果你的狗狗肚皮朝天，把爪子举向空中，它是在表示谦恭与服从。如果它在另一只狗狗面前摆出这个架势，那是在认输。如果这姿势是做给你看，含义就丰富了，有时候为了逃避一场预料中的训斥，它会翻着肚皮道歉；或者为逃避做一件不太情愿的事，也会这样耍赖。更多时候，小狗只是想告诉你："来吧，来拍拍我的肚皮！"

拱背这个动作表示性的意图，如果它们是相配的一对，可以安排它们结合。否则，应尽量避免发情期的异性狗狗交往。如果它是对人这样做，可以用声音来转移它的注意力。

摇摇尾巴的狗狗

　　"摇尾巴的狗狗是友好的"这种说法通常是对的，但也会有特殊情况出现。狗狗在感觉恐惧、激动或困惑时也会摇尾巴。一只受了惊吓的狗狗可能把尾巴低低地夹在两腿之间摇动，这是它在琢磨下一步的行动："我该战斗、逃跑，还是投降？"一个愤怒的挑战者，往往会高举着快速摇动的尾巴进攻或袭击。但也要注意观察情况：如果它最好的哥儿们刚刚放学归来，那它摇尾巴确实是在表示欢迎；如果是别的狗狗正在它的碗里偷吃，那它摇尾巴就是在表示抗议和愤怒。在搞不清狗狗摇尾巴表示什么意思时，还可以观察它如何分配身体的重量，挑衅的狗狗通常会紧张地把身体主要重量放在前腿上。

家有
狗狗初长成

　　狗狗和人一样，在成年之后会对爱情生活充满无限的向往。如果你想给予你的狗狗完美的生活，那你就一定要充分了解狗狗的生殖健康知识了。如果主人不想让自己的爱狗做妈妈或爸爸，可以选择给它们做结扎手术。相反地，如果乐意看到爱狗也体会身为父母的快乐，则要了解狗狗的发情配种、孕期照料和产期照料等知识，为狗妈妈和狗宝宝的健康做好准备。

　　在经过慎重思考后，决定让你的母犬繁殖后代的话，那你必须意识到将要增加的工作很多，包括增加饲料及兽医费用，但更重要的是要了解更多的相关知识，以便轻松应付狗狗在繁殖过程中所出现的问题。在决定是否让自家养的狗狗繁殖下一代之前，一定要考虑清楚自身的经济和环境状况，千万不要在养不起更多狗狗或没人可领养狗狗的情况下，就让狗狗繁衍下一代，以免造成更多的流浪狗狗出现在街头。

发情中的狗狗

　　年轻母犬在 10 ~ 12 个月龄，骨骼才停止生长，大型狗则更迟。母犬第一次发情最好不要配种，等到第二次发情配种，可以使母犬在生理上更加成熟，产出更多的健康幼犬。一般母犬第一次发情期在 6 ~ 12 个月龄，小型犬在 6 ~ 9 个月龄发情，大型犬第一次发情比较迟，有时甚至要到两岁时才发情。母犬属于季节性单发情动物，即每季繁殖，只发一次情。

　　正常母犬每年发情两次，一般在春季 3 ~ 5 月和秋季 9 ~ 11 月各发情一次，母犬发情时，身体和行为会有征兆，主要表现为以下 4 个阶段：

①**发情前期**：发情的准备阶段，时间为 7 ~ 10 天。生殖系统开始为排卵做准备。卵子已接近成熟，生殖道上皮开始增生，腺体活动开始加强，分泌物增多，外阴充血，阴门肿胀，湿润光滑，流出带血的黏液。公犬常会闻味而来，但母犬不允许交配。

②**发情期**：发情征兆最明显并接受交配的时期，持续 6 ~ 14 天。外阴继续红肿、变软，流出的黏液颜色变浅，呈淡褐色，出血减少或停止。母犬主动接近公狗，当公狗爬跨时主动弯下腰部，臀部对向公狗，将尾巴偏向一侧，阴门开合，允许交配。发情后 2 ~ 3 天，母犬开始排卵，是交配的最佳时期。

③**发情后期**：可分为两个阶段，第一阶段为黄体期，约 20 天；第二阶段黄体激素开始消退，一直到乏情期，约 70 天。母狗外阴的肿胀消退，逐渐恢复正常，性情变得安静，不准公狗靠近。一般维持两个月，然后进入乏情期。如果此时已怀孕，则发情后期即为怀孕期。

④**乏情期**：生殖器官进入不活跃状态。一般为 3 个月左右，然后进入下一个发情前期。

狗狗的配种

了解狗的发情情况后，为了对你的宝贝狗狗负责，最好是亲自出马，给狗狗选个好对象。配种时应该尽量选择好的犬种，外形好、体质强壮、生长发育快、抗病力强、繁殖力高的公狗是上上之选，这样生下的后代，因为先天的遗传基因优良，能存活的概率比较高，可以拥有更强健的体格和抵抗力，不容易产生不明的病变，对狗狗或主人来说都有好处。同时，公狗在配种时能紧追母狗并且频频排尿，生殖器官无缺陷、阴囊紧系、精力充沛、性情温和也是必须考虑的因素。

选好优秀的犬种后，下一步就是要让"新婚夫妇人洞房"，进行配种工作。配种时应该注意以下事项：

①对发情母狗要看管好，防止被非选定的公狗偷配而影响后代质量。

②配种应选择安静、清洁的场所进行，除了狗主人外，不要让其他闲杂人等围观、喧闹。

③配种后不要让狗立即饮水或进行剧烈运动，应让公狗、母狗各自回家休息。

④母狗虽然每年可以繁殖两胎，但如果生育过频，对母狗和狗宝宝的体质都有影响。根据母狗的年龄和健康状况，每两年繁殖三胎或每年一胎比较适宜，超过 9 岁的母狗一般不宜再繁殖，可能会有难产的风险。

⑤母狗每次发情日期、各发情阶段持续天数以及交配日期都要仔细记录下来，以备日后参考。

狗狗的孕期照料 _____

狗狗如果交配顺利，就要准备做家长了！这个时候主人可要开始忙碌了！怀孕期间的管理非常重要，会直接影响狗妈妈及狗宝宝的健康。

怀孕初期，妊娠 30 天左右，一定要对怀孕狗狗进行驱虫，以防感染给胎儿或幼犬，但切勿饲喂过量的驱虫药，以免流产。防止它感染疾病的同时，还应避免与其他狗咬斗。狗狗在怀孕期间，行动往往变得迟缓、懒散，这时主人必须给予狗狗适当的户外活动。每天有适当的运动是防止难产的最好办法，但不要让它往高处或低处跳跃，也不要让它压迫肚子，不宜鼓励做太多转身、翻滚动作，更不能运动过量。狗狗需要多晒太阳，怀孕后期可做短程常规散步，让狗狗自行决定步调，不可使之过于疲累。孕期禁止洗冷水澡，以防止流产。

狗狗怀孕期间的营养是很重要的，它对狗狗的健康，以及保证胎儿的正常发育、防止流产、狗狗乳汁的分泌量等都具有决定性的作用。对怀孕狗狗应饲喂营养价值较高的食物，增加狗粮中的蛋白质、热量、钙、磷的含量。怀孕狗狗在初期（约 35 天内），可以按原来方法饲养。在 35 ~ 42 天、43 ~ 49 天、50 ~ 60 天的时候，饲喂的饲料量应分别在原来的基础上增加 10%、20%、30%，尤其后期更应注意增加一些易消化、含蛋白质高以及富含钙、磷、维生素的饲料。妊娠 35 ~ 45 天时，每天应喂 3 次；44 ~ 60 天，每天喂 4 次。怀孕狗狗营养需求重点在优质蛋白质上，维生素及矿物质也应适量供应，以少量多餐为宜。

有些狗狗在怀孕期间会持续排出绿色分泌物，这是一种由胎盘产生的物质，属于正常现象。怀孕的最后 2 周分泌量会减少，在分娩时你会在胎盘中看到很多这种绿色的分泌物。

狗狗的临产征兆

狗主人应当随时关注怀孕狗妈妈的健康状况，要仔细观察狗狗是否出现以下几种临产征兆，以准备迎接随时降生的狗宝宝。

①烦躁不安，寻求主人的帮助。

②有时会呕吐。

③外阴及阴道等组织充血，尿频。

④分娩前数小时会突然排出绿色黏液，显示胎盘开始与子宫分离。

⑤体温下降，一般降至 38℃以下，怀孕最后 24 小时体表温度下降到 36℃。

狗狗的生产步骤 —————————————————

　　狗狗一般都能自行分娩，不需要太多的协助，生产一般需要经历子宫颈张开、分娩胎儿和排出胎盘 3 个步骤。

①**子宫颈张开**：有的狗狗这一时期的症状并不明显，有些则持续 3～24 小时。有的狗狗会出现短暂的阵痛收缩，挤出第一只胎儿到骨盆腔，使胎衣进入子宫颈，刺激子宫颈张开。这时狗狗显得很不舒服、焦躁不安，并可能会表现出痛苦及心跳加快等现象。这时你需要做的就是等待。

②**分娩胎儿**：分娩胎儿所需时间视生产幼犬数目而定，很少超过 6 小时，有时生产数目很多，也很少超过 12 小时。当第一只胎儿进入骨盆腔时，阵痛收缩会逐渐加强，并持续更久、更频繁。阵痛收缩最强时，狗狗后腿伸直，有时会排尿。羊水囊先出来，狗狗咬破囊膜，使得囊膜及羊水润滑产道。这时狗狗阵痛逐渐加强，它会躺下。这时你不要急着去帮助它，有些狗狗需要主人在旁陪伴，但大部分狗狗则不愿意有人干扰。幼犬出生时，约有 60% 是头先出来，40% 则是后腿先出来。

③**排出胎盘**：胎盘一般在狗宝宝出生后 15 分钟排出，也常随下一只幼犬的出生而排出。母犬会吃掉胎盘，过后会呕吐或下痢。你可以收集清理掉一部分胎盘，要点清排出的胎盘数目是否与幼犬数目相同，如排出的胎盘数目少于生产的幼犬数，有可能是因为有胎盘滞留在产道尚未排出，此时应迅速通知兽医处理。

狗狗的产后照料 ————————————————

狗狗产后因保护子犬而变得很凶猛，刚分娩过的狗狗，要保持 8 ~ 24 小时的静养，陌生人切勿接近，避免狗狗受到骚扰，致使狗狗神经过敏，发生咬人或吞食子犬的后果。刚分娩的狗狗，一般不进食，可先喂一些葡萄糖水，5 ~ 6 小时后补充一些鸡蛋和牛奶，直到 24 小时后才开始正式喂食，最好喂一些适口性佳而且容易消化的食物。最初几天喂食营养丰富的粥状饲料，如牛奶冲鸡蛋、肉粥等，保持少量多餐，一周后逐渐喂食较干的饲料。

注意狗狗哺乳情况，如其不给子犬哺乳，要查明是缺奶还是疾病原因，及时采取相应措施。泌乳量少的狗狗可喂食牛奶、猪蹄汤、鱼汤和猪肺汤等，以增加泌乳量。

有的狗狗母性较差，不愿意照顾子犬，必须严厉斥责，并强制让它喂奶给子犬喝。对不关心子犬的狗狗，可以故意抓走一只子犬，并使它尖叫，这可能会唤醒狗狗的母性本能。此外，子犬此时行动不灵敏，要随时防止狗狗挤压子犬，如听到子犬的短促尖叫声，应立即前往察看，及时帮助被挤压的子犬。

如果狗狗是在冬季生产，还应做好子犬的防冻保暖工作。可增加垫草和垫料，在狗窝门口挂防寒帘等。

在此期间还要经常给狗妈妈进行梳理和清洗，在天气暖和时，要带狗妈妈到室外散步，每天最少两次，每次半小时，以后可以相应延长，但不要做太剧烈的运动。注意产房卫生，每天持续清扫，每个月消毒一次，及时更换垫料。

为狗狗做结扎手术

狗狗和人一样，对幸福生活也充满渴望，在成年后也想谈情说爱。但是从饲养的角度考虑，我们往往希望狗狗能够克制情欲，避免因为生育而给喂养过程带来更多麻烦，所以通常会选择为狗狗做结扎手术。

公狗的生殖系统包括睾丸、附睾、输精管、阴茎和前列腺。刚出生的幼犬，睾丸位于腹腔内，睾丸尾端有韧带与阴囊相连。狗宝宝出生后韧带收缩，将睾丸带入阴囊腔，出生两周后睾丸会自然下降到阴囊腔。狗狗的阴囊内含有两颗睾丸，如果睾丸未下降到阴囊腔，称为隐睾，要请兽医处理。

结扎就是将公狗的睾丸摘除，结扎后的公狗不再追逐发情的母犬，也不太会攻击其他公狗，并且不会患睾丸肿瘤。一般而言，结扎后的公狗体重明显增加，性情也会变得更为温顺。

母狗的生殖系统包括一对卵巢、输卵管、子宫角、子宫体、子宫颈、阴道及阴户。结扎通常是将卵巢和子宫一并摘除。结扎后的母狗不会再有因发情而吸引公狗的困扰，也不会有意外怀孕事件发生，并且此后发生乳癌的概率极低。结扎后的母狗行为和性情都会发生一定的变化，除了极少数变得比较凶猛以外，大多数都会变得更温顺依人。另外，母狗结扎后食欲通常会增加，进而导致肥胖，因此要对结扎后母狗的饮食进行适当调节，控制好体重。

年老狗狗的
贴心陪伴与照护

就像人一样，狗狗也会经历生老病死的过程，虽然
我们对它在营养和健康方面的照顾已日趋完善，狗
狗的寿命会比以前有所延长，但狗狗的身体状况还
是会随着时间的推移逐渐恶化。因此，我们需要对
年老的狗狗进行特殊的照料。

狗狗年老的征兆

　　七岁以上的狗狗就已经算是进入老年期了，这里介绍一些老年狗狗常见的特征，以帮助你判断爱犬是否已经进入这一阶段。

①**听觉方面的改变**：年老的狗狗常有丧失听力的现象。如果你在呼唤它的名字或是在对它下指令时，它没有任何反应，或者有时候会无故地狂吠，那么它的听觉可能是丧失了。

②**排尿方式的改变**：过度口渴、尿频或无法控制排尿，常常是狗狗的肾脏出现问题或患糖尿病的症状，可能是因为其体内激素失调所造成，割除卵巢后的狗小姐常会有这种问题。如果你发现爱犬大小便失禁，请立即带它就医。

③**饮食习惯的改变**：年老的狗狗较容易出现牙齿和牙龈方面的疾病，并且因为牙龈发炎或牙齿松动，会出现食物从口中掉落，甚至拒绝进食的现象。

④**身体方面的改变**：如果狗狗出现咳嗽、呼吸困难、经常疲劳等症状，则表明它的身体已经渐趋衰老。

⑤**视力的改变**：年老的狗狗眼睛可能会出现一些蓝色薄膜，属于正常现象，不会影响它的视力。但是如果出现雾状的白内障，则很可能会导致其视力丧失，应该请专业的兽医加以诊治。

⑥**毛发的改变**：狗狗上了年纪，毛发会逐渐稀少、变得暗淡无光，口鼻和耳朵附近的毛发变成灰色，胡须变得稀薄。

⑦**疲倦与跛脚**：狗狗上了年纪，它的精力会逐渐下降，容易疲倦，常常要打盹。脚关节、臀关节和肩膀关节会变得僵硬，这可能是骨骼磨损所造成的，也可能是旧伤或关节炎所致，应该及时咨询兽医，进行适当治疗。

年老狗狗的特别照料 ——————————

狗狗在老年阶段会有许多生理上的改变，在这个时候它特别需要更细心的照料。老年狗狗的常见问题包括糖尿病、肾脏疾病、激素失调、关节炎、心肺疾病、白内障、牙龈疾病和肿瘤等。因此，定期、规律的健康检查，对年老狗狗来说是不可缺少的。除了每年要接受预防针注射与健康检查之外，还必须经常与兽医谈谈它的特别情况。平时要注意观察它是否出现一些老年狗狗常见的问题。另外，很重要的一点是当它出现某些问题的征兆时，应及时将这些征兆记录下来，并咨询兽医。

要定期测量老年狗狗的体重，因为肥胖与疾病密切相关。为了避免老年狗狗出现肥胖的情形，应少喂食点心或剩菜剩饭，并且天天带它做运动。采用散步和游戏等比较和缓的方式，并且每天坚持，但要注意运动量不能过大。运动不仅可以帮助狗狗消耗多余的热量，也可以减轻关节炎给狗狗带来的疼痛，还可以促进其体内循环与消化。事实上，如果没有任何运动的话，关节炎可能会变得更严重。

注意不要移动老年狗狗的床，应该保持床体干燥，且不要直接对着风口，尽量避免过热或过冷的环境。固定的作息对于老年狗狗来说，能够保持生理上、心理上与情绪上的健康。吃饭时间、睡觉时间、散步或玩耍时间也都要有规律，每天都应该保持一致。作息不正常，则可能对它造成心理压力。外出度假时，最好把老年狗狗交给好朋友代为照顾，而且最好是能够在你家中照顾。因为对于老年狗狗来说，搬迁或到一个陌生的新环境中，会给它造成非常大的精神压力。

年老狗狗的特别护理

　　老年狗狗的特别护理包括维护牙齿和牙龈的健康，经常给狗狗洗澡保证皮毛的健康等方面。老年狗狗特别容易患牙龈疾病，牙齿上也容易产生牙结石。因此，定期带它看牙医是相当重要的事情。除此之外，也可以咨询专业兽医师，找出照顾它牙齿的健康方式，定期亲自为它检查牙齿。定期为年老的狗狗洗澡也是必需的。洗澡结束时，一定要记得帮它擦干，这样不仅狗狗看起来会更漂亮，狗狗的心情也会更好。另外，每周至少要抽出一天的时间为狗狗做特别的梳理，这样可以帮助它分散皮肤油脂、预防皮屑并放松情绪，并且能保持毛发健康。你也可以利用这个机会，检查老年狗狗是否有皮肤病、皮肤上或皮肤内是否有肿胀等情况。

年老狗狗情感上的需求

　　狗狗在老年阶段，许多生活习惯都会改变。老年狗狗可能不像以前那么敏锐和好动，可能会因为某些疾病变得异常疲倦或感觉疼痛。身为狗狗的主人，你必须敏锐地察觉它现在正在遭遇什么问题，也必须了解它心理上的变化。这个时候，你应该耐心一点儿，因为狗狗的反应可能会比较迟钝，有时甚至完全听不到你的召唤。更重要的是，为了尽可能使年老的爱犬生活得更舒适，应尽量多花时间陪它散步和做游戏，这些额外的关怀对它非常重要。有了这些特别的呵护，年老的狗狗可以在它最后的这段日子里过得舒适和愉快。

PART 03

狗狗喂养
大小事

市面上你可以买到各式各样的狗粮，这些狗粮都可以给狗

狗提供适当的营养。有些人完全依靠这些商品喂食狗狗，

有些人则更愿意自己动手为狗狗烹制新鲜食物。不管怎样，

只要保证提供给狗狗足够的营养就行了。

一起来
做好狗狗的营养师

一般而言，只要每天给狗狗喂狗粮，为狗狗所提供的营养就是全面且均衡的，就可以满足狗狗的营养需求，并不需要额外为之补充食物。如果不想只给狗狗吃狗粮，要亲手为狗狗做一些好吃的菜肴，则要注意食材与营养的搭配。

给狗狗均衡的营养

狗狗和其他的动物及人类一样，要保持生命活动，那么它摄取的食物中，一定要含有水分、蛋白质、糖类、脂肪、矿物质和维生素等。这六种物质是所有生物存在的基础，当然也包括狗。

①**水分**：水分是狗狗生命活动最关键的物质。成年狗狗每千克体重，每日应摄取 100 毫升洁净的清水；狗宝宝应摄取 150 毫升清水。主人要让狗狗能够随时随地喝到清水。

②**蛋白质**：普通狗狗对蛋白质的需要量为每天每千克体重 6 克左右；生长发育中的狗狗对蛋白质需要量较高，每天每千克体重需要 9 克左右。

③**糖类**：狗宝宝需要的糖量为每天每千克体重 17 克左右。

④**脂肪**：成年狗狗的脂肪需要量为每天每千克体重 1 克左右；生长发育中的狗宝宝对脂肪的需求为 2 克左右。

⑤**矿物质**：狗狗体内必需的矿物质有钙、磷、铁、铜、钴、钾、钠、氯、碘、锌、镁、锰、硫、硒等。

⑥**维生素**：维生素是狗狗保持正常代谢所必需的营养元素，其需要量虽小，却起着调整生理机能的重要作用。

狗食的分类与选择 ─────────────

从目前喂养狗狗的经验上来讲，狗狗的食物主要分为三大类：动物性食物、植物性食物，以及饲料添加剂。给狗狗的食物，最好是用狗饲料配合添加营养素，使它每天都能均衡摄取各种身体所需的营养。

①**动物性食物**：这类食物的脂肪、蛋白质含量高，所含的氨基酸种类齐全。狗狗比较喜欢吃的动物性食物有猪肉、牛肉、鸡肉、鸭肉等。

②**植物性食物**：含有丰富的纤维素、植物蛋白质、淀粉。豆类的蛋白质含量高；青菜、瓜果、根茎类食物中，富含多种维生素、纤维素，水分含量也较高；干果的营养价值也很高。

③**饲料添加剂**：可分为矿物添加剂、维生素氨基酸添加剂、抗生素驱虫保健剂等。这些添加剂主要有促进生长发育、维持营养充足、提高食物消化率和防治疾病的作用。

市售狗饲料的种类非常多，但选择性愈多，主人就愈为难。究竟自己的狗狗应该吃什么样的狗饲料呢？这会使许多主人感到茫然，无从选择。对于大多数主人来说，安全、健康、美味是选择狗饲料的重要标准。

①**认清狗饲料的成分**：很多狗饲料有口味之分，比如"牛肉味""鸡肉味"等。

②**肉类成分可鉴定**：要区别狗饲料的"纯正度"，可做个小试验：将要区别的狗饲料分别放入微波炉中，加热约2分钟，然后闻闻加热后的狗饲料味道，如果味道比较香且肉味浓，主人就可以放心给狗狗吃；如果加热后散发出刺鼻的化学剂味道，就不要让狗狗食用。

③**购买散装狗饲料重保存**：每次购入量不要太多，最好是每次买入一周的量；一定要用密封性好的容器装狗饲料，这样可以避免狗饲料受潮、变质。

狗狗日常粮食的配制

　　日常粮食是指狗在 24 小时内，食用各种食物的总和。由于每只狗对食物的需求量不同，对食物口味的要求不同，日常粮食可以由数种食物搭配而成。日常粮食不仅要考虑各种营养物质的含量，还要考虑比例是否恰当。

　　配制日常粮食时应注意的问题：一是要能满足狗狗身体需要的营养；二是给狗狗一个多样化的菜单，不要给狗狗太过单一的食物；三是要考虑狗狗对食物的消化速度，考虑其吃进体内的食物是否能够完全被消化吸收与利用。

喂食的原则

狗狗是杂食动物，可以喂食的东西很多。但是，在喂狗狗的时候需要确保食物营养均衡，并避免狗狗因吃错东西而引起不良反应。

POINT 掌握喂食狗狗的四大诀窍

狗狗吃饭的重点

狗狗是反应很慢的动物，当它们的大脑接收到"吃饱了"这个信息时，它们吃的东西通常比身体的正常所需超出许多。狗的肠胃跟人相似，吃少了就会饿；吃了太多食物时，可能会出现呕吐情况或消化系统疾病。因此喂食时，要掌握以下四个诀窍：

①只要让狗狗吃八分饱就可以了，不能让它吃得太多。

②狗狗吃完饭后，要马上将食物碗洗干净，免得引来蚂蚁、蟑螂、蚊虫、苍蝇等。同时也要把狗狗没吃完的食物处理掉，最好不要给狗狗吃剩下的食物，特别是在食物容易变质的夏季。

③刚吃完饭后，不要马上带狗狗出门做运动，先让它在家里休息半个小时，等食物消化得差不多了，再领它出门。

④记住，在食物碗旁边，永远都要放一碗清水，当狗狗吃得太咸或者嘴巴干时，它随时都能找到水喝。

吃狗饲料的好处

狗饲料是运用化学配方生产的专门给宠物食用的食物，包含狗日常需要的维生素、矿物质、蛋白质、脂肪等营养素。此外，狗饲料的硬度是按照狗狗牙齿的硬度而特别设计的，除了可以训练它们的牙齿，还有清洁口腔和预防牙结石的作用。最好在狗狗 10 个月大之前，就开始喂食狗饲料，因为狗狗那个时候还处在成长期，营养均衡很重要，同时也能让狗狗养成吃狗饲料的习惯。

别加热狗饲料

成品狗饲料大致分为罐头和干粮两类。对于罐头，新开罐则无须加热，因为在封罐前，罐头曾经过严格灭菌处理。一般在开罐后一次吃完。如果有剩余就放入冰箱，密封保存，再取出食用时，应加热至 50℃，再给狗吃就行了。

干粮则完全不需要加热，因为干粮在加热之前，通常需要先加水，如此一来，会破坏其原有的营养。狗干粮都是经干燥处理过的，类似于儿童食品，而且都已精心调制好适当的松脆度，有利于狗狗的消化及训练牙齿。

POINT 不要在狗饲料中加其他食物

不要随意加料

　　狗饲料其实就是狗狗的食物，不管是干粮，还是罐头，都是营养均衡的食物。它含有各个阶段狗狗所需的营养素，而且各种营养素之间的比例合理搭配，有利于狗狗的消化吸收，让狗狗健康成长。在狗饲料中添加其他食物，就会破坏其合理的营养素平衡，影响各营养素的吸收，有可能导致狗狗发胖，或引起某些营养性疾病。但是，宠物干粮搭配宠物罐头食品却是一种完美组合，这种食品搭配方式，既具有食物干粮的高密度，全面均衡营养，又具有宠物罐头的上佳口感，而且不影响宠物日常粮食的营养全面性和均衡性。

挑食的狗狗不可爱

为了避免狗狗挑食，从小就要训练它有固定的用餐时间，以及固定吃狗饲料的习惯。如果是 3 个月的狗宝宝，每天可以吃 3 ~ 4 餐；随着狗狗的成长，每天可以吃 2 ~ 3 餐；狗狗 1 岁以后就可以根据情况，每天吃 1 ~ 2 餐。

如果主人不希望狗狗只对香喷喷的食物有兴趣，从小就要让狗狗习惯以狗饲料为正餐。用餐时，让狗狗养成专心用餐的习惯，15 分钟内用餐完毕，过了时间，就不给狗狗吃东西，除非到下次吃饭的时间，不要让狗狗养成想吃就吃，不想吃待会再吃的坏习惯。

影响食欲的原因

狗狗的食欲也有好与不好的差别，这和人类非常相似，不是看到食物一定就会吃。只要主人肯花时间观察自己的宠物，就会发现，狗狗日常的食欲主要会受到以下因素的影响：

①**相同的食物**：食物本身会影响狗狗的食欲，如果让狗狗长时间吃同一种食物，会让狗狗因此感到厌倦。因此最好每天帮狗狗设计不同的菜单，新鲜多变的口味除了可以增进狗狗的食欲之外，也能让狗狗摄取更全面且多样化的营养喔！

②**变质的食物**：狗狗的嗅觉十分敏锐，因此对于过期、变质或者出现异味的食物特别敏感，会表现为不愿意吃饭。

③**过重的调味料**：食物中含有狗狗不喜欢的调味料，例如辣椒、盐等，也会让狗狗不想吃饭。

④**吃饭的地点**：闹哄哄的场所、陌生人很多的地方、有强光的地方，以及许多狗狗争抢食物时，或有会令狗狗害怕的一些动物出现时，都会影响狗狗的食欲。

⑤**生病不舒服**：狗狗在生病的时候，生理、心理状况都不好，这时就没有心思吃东西。所以，也可以通过吃东西的热情及动作，来判断狗狗是否健康。

狗宝宝断奶妙招

①到断奶日期，强行将狗宝宝和狗妈妈分开，减轻狗宝宝对妈妈的依赖。

②根据狗宝宝的发育情况分批断奶，发育好的可先断奶；体格弱小的后断奶，适当延长哺乳时间，促进其生长发育。

③逐渐减少哺乳次数，在断奶前几天将狗宝宝和妈妈分开，隔一段时间后，将它们放在一起，让狗宝宝吃奶，吃完再分开，以后逐日减少吃奶次数，直至完全断奶。

狗宝宝怎么吃?

　　家里来了新成员，就是狗宝宝，怎样才能让它们吃得更高兴、更舒服呢? 主人必须遵循以下小规则: 在狗宝宝刚出生一周时，要根据体型大小，每天喂适量维生素 C 片，或用其他食物来补充维生素 C，可提高狗宝宝的抵抗能力。

　　狗宝宝正处于身体的快速发育期，对各种能量的需求比较大，需要摄取的营养比成年狗狗和老年狗狗要多。给狗宝宝食物时，要让它能够吸收到各种成长所必需的营养成分。现在有很多已经配制好专门给狗宝宝吃的食物，在动物医院就能买到。

成年狗狗怎么吃？

　　市面上一般能够买到的狗饲料，都可以给成年狗狗吃。这个时期的狗狗已经基本发育成熟，不像狗宝宝那样，需要特别多的营养素。需要注意的是，狗狗吸收的营养过剩，会有发胖的趋势，因此，要适当控制其食物的摄取量，不要让它们得了肥胖症。此外，如果主人想要让成年狗狗吃一些自己亲手做的菜肴，要避免使用调味料，且一定要注意不要使用狗狗不能吃的食材，比如花生、洋葱、面包、章鱼、贝类等，以免引发狗狗身体的不适，严重的话可能会导致狗狗死亡，不可大意。

老年狗狗怎么吃？

　　狗狗老化的速度比人类快得多，一般而言，小型狗 7 岁、大型狗 5 岁就算步入了老龄期。狗狗年纪大了，抵抗力会逐渐下降，身体机能会慢慢变差，同时消化系统逐渐衰退，有鉴于狗狗这些方面的变化，主人应该给狗狗提供易于咀嚼、易消化吸收的食物。同时，由于狗狗体内代谢功能下降，在饮食方面应选择蛋白质含量高的狗饲料。要让狗狗多摄取蛋白质、维生素和钙质。老龄狗狗需要少量多餐，并应给狗狗提供足够的饮用水，也要注意控制食物中的盐分。为了防止便秘，应多给老年狗狗提供蔬菜、水果。

要了解
狗狗的饮食宜忌

要想成为一名合格的主人，我们就要细心照顾狗狗的饮食起居，让它们能够成为最快乐的小生命。在喂养狗狗的时候，一定不要步入误区。比如忘记给狗狗喂食，这样狗狗在吃饭时，就会非常饥饿，一定会吃得很快，并且还会养成暴饮暴食的坏习惯。也不要认为吃得多的狗狗才健康，过量的食物和相对缺乏运动是导致肥胖的最常见原因，而肥胖则会导致如心脏病、糖尿病等诸多疾病，损害狗狗的健康。也不要强迫狗狗将所有的食物吃完，当狗狗停止吃食物的时候，就说明它已经吃饱了，这个时候，不要勉强狗狗吃完所有的食物。

对于偏食、生病、劳累的狗狗，要及时补充维生素、矿物质、添加剂。注意掌握正确饲喂营养品的原则，要做到缺什么补什么。此外，幼犬和老龄犬也是比较需要补充营养品的群体，幼犬适当补充营养品，可以为今后的强壮身体打好基础，增强免疫力；老龄犬体内钙质流失严重，内脏机能退化，需要添加营养品以辅助消化、补充钙质和延长寿命。

狗狗可以吃的水果

　　水果能够帮助狗狗调节肠胃功能、摄取膳食纤维，能够让狗狗的肠胃更加健康。狗狗便秘或是食欲不好的时候，可以适当地用水果来调节。水果中的纤维素和水分可以增强狗狗的肠胃功能，而水果清凉香甜的味道对狗狗而言也是很好的享受。

　　苹果、梨、樱桃、西瓜、桃子都可以给狗狗吃，也可以让其吃少量的香蕉。狗狗的肠胃功能也会有所差异，如果发现狗狗吃了某种水果后出现拉肚子或呕吐的现象，那就不要再给它吃那种水果了。

狗狗吃骨头的学问

狗狗都有啃骨头的习惯，但是，有些骨头是不能给狗狗吃的，因为或多或少会伤害狗狗的身体。较适合给狗狗啃咬的是煮熟的猪、牛、羊的大腿骨。以下列出会对狗狗造成伤害的骨头种类：

①**禽类长骨及颈部骨头**：长骨是空心的，咬碎时易出现尖锐斜面，可能刺伤狗狗的口腔和食道；颈部骨头易造成狗狗食道堵塞，特别是对于体型较大的狗狗。

②**带着关节的猪骨或牛羊骨**：这些大骨头最好不要给狗狗啃，因为狗狗在啃的时候，牙齿很容易镶在骨头缝里，伤到狗狗的牙齿。

③**鱼类的骨头**：鱼的骨头在咬碎后，还会有尖尖的碎片，若狗狗吃下去后，嘴巴或内脏都很容易受伤。

狗狗不能吃的食材

狗狗虽然是杂食性动物，但也不是任何食物都能吃，以下列出狗狗不能吃的食物：

①**洋葱、葱类：**狗狗吃了血液中会产生一种酵素，破坏血液中的红细胞，产生中毒现象。

②**乌贼、鱿鱼、虾、螃蟹、竹笋、豆类等：**容易引起狗狗消化不良、下痢、呕吐等。

③**香料或盐分：**狗狗的身体无法排汗，因此过量的盐分无法排出；香料等会增加狗狗肾脏、肝脏的负担，而且会使狗狗的嗅觉变得迟缓。

巧克力是狗狗的天敌

别给狗狗吃巧克力

巧克力中含有可可碱，是造成狗狗中毒的因素。吃下巧克力而中毒的狗狗，会出现呕吐、尿频、不安、过度活跃、心跳和呼吸加速等症状。严重时狗狗还会导致心律不齐、痉挛，甚至会因心血管功能丧失而导致死亡。

巧克力中毒与巧克力的种类、大小以及狗狗的体重都有直接关系，巧克力愈纯，狗狗体重愈轻，中毒的可能性就愈大，其中最危险的是高纯度的巧克力。一只体重1千克的狗狗，如果吃下9克纯巧克力，就可能导致死亡。

别给狗狗喝可乐

可乐以及很多饮料中都含有咖啡因，咖啡因虽然对人体无害，但是由于狗狗和人类的新陈代谢系统不同，所以，咖啡因和茶碱等物质都能伤害到狗狗。同时，可乐中含有的碳酸对狗狗的身体健康也很不利。

少量的咖啡因就有可能导致狗狗中毒。摄入太多含咖啡因的饮料，狗狗会出现过度喘息、极度兴奋、心跳加速、震颤、抽搐等症状。严重时，则可能影响到狗狗的中枢神经，甚至会导致狗狗因心脏衰竭而死亡。

少给狗狗吃甜食

　　人吃多了甜品会变胖，狗狗也不例外，爱吃甜食大概是狗狗和人的通病。蛋糕、甜点、饼干等甜食极容易导致狗狗肥胖，而且也容易造成狗狗钙质摄取不足和龋齿。尤其是在室内生活的狗狗，整天和家人一起生活，主人在空闲时，很容易喂它吃蛋糕、甜点、饼干。如此一来，狗狗的体重容易在不知不觉中增加，最终导致肥胖。因此，为了狗狗的健康，请不要给狗狗吃过多的甜食。

别给狗狗吃冰激凌

炎热的夏天，冰激凌甜点是我们消暑的最佳选择，舔着冰凉的冰激凌，我们都会由内而外感到凉爽。冰凉甘甜的冰激凌是我们的最爱，看看身边的狗狗，它们一定是伸着热乎乎的大舌头，睁着水汪汪的大眼睛，盯着主人手里的冰激凌。但是，不管眼神多么令人怜悯，主人也一定要忍住。

甜甜的冰激凌，并不适合狗狗和猫咪的肠胃。因为其中的糖分和牛奶，它们无法消化，年轻的狗狗或许尚可承受，但肠胃稍弱或年老的狗狗，吃过冰激凌后，就有可能出现严重的腹泻、呕吐以及皮肤过敏等症状。

实际上，含有糖分或牛奶含量过高的食物都不应该给狗狗食用。有些狗狗爱喝酸奶，这点主人则不用担心，酸奶还是可以在狗狗继续采取"装可怜"的攻势下让它尝尝鲜的。但是主人要注意，不要选有太多添加物或调味剂的口味，最好选择原味、低糖的酸奶给狗狗喝。

狗狗爱吃便便吗？ _____

很多狗狗都会吃自己的便便或别的狗狗的便便，饲主不用太紧张，这些都是狗狗会有的正常行为，原因如下：

①**模仿行为**：主人经常为狗狗清理便便，久而久之，狗狗也会把它排出的便便清理掉，吃掉就是一个比较简单的方式。

②**消灭证据**：狗狗经常会因为随地大小便而受到主人的惩罚，为了避免再次被主人惩罚，狗狗只有自己主动把罪证"消灭"掉。

③**天性吸引**：狗狗吃便便是一种天性，便便里有一些特殊的味道是狗狗所喜爱的。

④**引发关爱**：狗狗吃便便虽然会被主人责骂，但对它们而言，此举却会吸引主人的关注。

⑤**服从行为**：低等狗狗有时吃高等级狗狗的便便，以表臣服。

⑥**喂食习惯**：有些狗狗曾经一天要吃几餐，逐渐改为一天一餐后，会以吃便便充饥，因此养成吃便便的习惯。

我家狗狗爱吃草

狗狗吃草是因为它觉得自己的胃里不干净，所以常会吃点儿草来清理自己的胃。狗狗在平时吃东西的时候，会吃进去一些自己的毛发；在平时玩耍的时候，也会吃进一些纤维。这些物质在狗狗身体里累积多了，会造成结石，导致狗狗消化不良，甚至患上厌食症，少量吃些草，可以帮助狗狗清除体内的毛发。主人必须注意的是，别让狗狗吃到喷洒过农药的草，以免造成狗狗中毒。

别给狗狗吃剩菜

　　最好不要给狗狗吃人类的剩饭、剩菜。狗狗每天都有定时定量的饮食，狗狗身体对营养的需求也是定量的，如果主人给狗狗吃人类的剩菜、剩饭，并不能满足狗狗的身体需求。剩饭、剩菜中的盐分对狗狗而言过高，如果摄取过多食盐，对狗狗的肝脏和肾脏会受到伤害。另外，人类食物中，有许多调味品都对狗狗的身体有害，如胡椒、辣椒、味精等，会刺激狗狗的胃肠道，致使其食欲不振。而且剩饭、剩菜的分量每餐不同，时多时少，如果狗狗一顿吃不完，经长时间放置，会滋生各种细菌，即使在饲喂前把剩饭、剩菜再加热，最多也只能杀死细菌，而不能破坏细菌产生的毒素，狗狗一旦吃下带有毒素的食物，就可能引发多种疾病。

不要用猫粮喂狗

　　有些主人会用猫粮来喂狗狗，这样做并不正确。因为猫咪和狗狗的身体构造不一样，它们对食物的营养要求也各异，所以猫粮和狗饲料的营养成分自然有差别。如果长期拿猫粮喂狗狗，会导致狗狗营养不良。

　　猫对蛋白质的需求是狗狗的 2 倍，如果狗狗长期吃猫粮，很快就会摄取过量的蛋白质。体内如果长期累积过多蛋白质，狗狗会发胖。其次，过量的蛋白质对生狗病的狗狗有害，会增加狗狗肝脏的负担；对老年狗狗而言，会破坏其循环系统，对其身体健康也不好。

远离含防腐剂的食物

　　防腐剂固然能够让食物存储的时间延长，但是对身体绝对是害大于利。市售的很多食物，都会在包装袋上注明"本产品不含防腐剂"，这样做是为了让消费者放心购买。

　　在狗饲料中，防腐剂添加量很少，但是狗狗体内的代谢速度比人类慢，且防腐剂会在肝、肾、脂肪等器官和组织内蓄积，当累积到一定量时会造成组织细胞的损伤，甚至产生病变，诱发癌变。所以，罐头类食品、火腿、香肠、泡面、饮料等含有防腐剂的食物，不能作为主食长期给狗狗吃。

　　大部分人类食品都含有大量脂肪、糖、盐、人工色素和防腐剂，易导致糖尿病、胰腺炎、过度肥胖等情况。所以主人在训练、培养狗狗时，应用专用的零食喂养狗狗，既健康又营养。

　　狗狗也会吸到二手烟，患上肺癌、鼻癌、咽喉癌等，以及与呼吸系统相关的癌症，这与主人抽烟的坏习惯脱不了关系。最明显的例子是，狗狗也会有烟瘾，当主人抽烟的时候，它们也会凑上来。尼古丁同样会刺激狗狗的大脑，跟抽烟的主人一起生活，狗狗患肺癌的概率比普通狗狗高 10 倍以上。

PART 04

狗狗特训开始喽！

从进入家门开始，狗狗就成为家庭中的一名成员了。要像对子女实行教育一样，对狗狗进行正确的调教，让你的宝贝狗狗拥有像绅士一样文明的行为和生活。在训练过程中，要注意运用正确方法，从最基础的训练开始，比如坐下、伸手等，等狗狗熟练之后，再开始进行难度较高的训练。还要有耐心，才能达到预期的训练目的，使其成为有教养的狗狗。

训练狗狗
就从基本的开始吧！

　　训练狗狗最佳的时间，是由狗狗的年龄决定的。最佳的训练时间，是在狗狗出生 70 天后，因为狗狗年龄过小，体能和脑部发育都没有达到最佳训练时机；狗狗年龄过大，就将进入青春期，统治欲和占有欲都将表现出来，训练时注意力不易集中。一天之中，训练的最佳时间是狗狗感到饥饿的时候。这时狗狗会表现得更加机警，对食物奖品的反应也更加强烈。要注意，狗狗注意力集中的时间比人短，因此要将训练狗狗的时间控制好，每次不超过 15 分钟，每天两次。每天给狗狗喂食两次，这样就可以创造出两次训练狗狗的好时间。

　　最后需要注意的是，狗狗其实像人一样，因高矮胖瘦、品种、习惯、年龄、性格不同，接受能力和接受速度也不一样，所以要依具体情况分析。

训练狗狗十大要点 ———————

训练狗狗不是马上就能看到成效的，要持之以恒。以下为训练狗狗的十大要点：

①每天都要对狗狗进行训练，训练的时间可以不长，每天可多次进行。

②当狗狗表现很出色时，可以给狗狗一些零食作为奖赏。

③当狗狗能够听懂人类的一些语言时，主人可以口头上赞扬狗狗的表现。

④训练是渐进的，切忌操之过急。

⑤在训练狗狗的时候，可以寓教于乐，让整个过程非常轻松、有趣。

⑥在训练口令和手势时，口令和动作一定要符合，手势要清晰、明显。

⑦培养狗狗固定的吃饭和上厕所时间，这一点非常关键。

⑧开始训练时，为了避免让狗狗分心，可以在家里练习，适应训练之后，再带到户外练习。

⑨训练时，必须重复不停地训练，以加深狗狗的印象和记忆。

⑩训练时，可以搭配些小道具辅助，例如棒子或板子，在指引狗狗方向和禁止行为时使用。

让狗狗适应自己的名字 ———————

刚出生的狗宝宝或者来到一个新环境的狗狗，如果没有自己的名字，会很难适应新环境，也无法熟悉新主人。并且，想要和狗狗有良好的互动，需要让它首先认识自己。只有让狗狗借由名字认识到主人和自己之间的交流，主人才能对狗狗进行训练，让狗狗能够进行接下来的训练与调教。训练狗狗时，主人应不断重复叫狗狗的名字，使它在主人叫唤时会条件反射般地停下来，并听主人说话。

POINT 培养狗狗优雅的吃相

狗狗进食仪态

　　让狗狗吃饭姿态优雅并不困难。培养狗狗的吃相，可以从最初的狼吞虎咽的进食过渡到狗狗慢慢吃，这样反复多次，就可以成功地让狗狗知道怎么吃才斯文。千万不要让狗狗在餐桌下面进食。狗狗在吃饭的时候，可以将食物装在狗狗碗中，让狗狗在安静的一角，慢慢地食用。

　　如果看到狗狗围着饭桌流口水，就算主人再宠爱它，也不能给它吃。遇到这种情况，可以把狗狗从餐桌带离，或者将饭菜放到狗狗看不到的地方。如果狗狗非要吃，可以试着在饭菜中加些"料"，比如少量的辣椒，让狗狗吃一口后就再也不敢碰了。

拒绝狗狗乞食

　　狗狗"乞食"是许多主人心疼又不舍的困扰，到底该怎么改善这个状况呢？建议主人可以从以下三点做起：

①表情严肃、语气坚定地拒绝：主人要用严肃的表情，搭配摇手的动作说"不"。

②绝对不要和狗狗分食：主人要态度坚定，即使是吃不完的食物，也不要给狗狗吃。

③狗狗的表现好就要给奖励：如果狗狗放弃等待或下次用餐的时候没有来乞食，主人吃完饭后，要大大地赞美它，并且马上给它点心作为鼓励。

狗狗专属卧室

　　狗屋主要是为了避免狗狗侵占主人的地盘，没事就爬上家里的沙发或床。让狗狗单独住在狗屋里面，也可避免狗狗身体的细菌对人体带来不利影响。狗屋可以放在阳台或者庭院里面，比较大的狗屋最好放在庭院里面。狗屋应该放在能够通风又向阳的地方，并且狗屋不能太过潮湿。为了便于清洗，可以使用拆卸式的尾顶。同时，在狗屋中最好铺上柔软的褥子和棉垫，让狗狗能够舒服地待在自己的地盘上，同时在比较冷的天气里，还能够保暖。此外，一定要在狗屋里面或附近放上一个盛水的碗，狗狗是比较容易口渴的动物，应保证当它们觉得口渴的时候能够随时喝到水。

狗狗主人分床睡 ————————————————

狗狗是非常黏人、贴心的宠物，它习惯随时随地紧贴着自己的主人，当主人躺在沙发或者床上休息时，它们也喜欢跳上去，趴在主人身边。很多主人都有和狗狗一起睡觉的经历，这种习惯一旦形成就很难改变。

狗狗爬到沙发或床上，其实非常不卫生，会将狗毛带到床或沙发上。其次，狗狗身上有时还会有一些寄生虫或跳蚤，如果狗狗和人一起睡觉，非常容易传染给人。因此，一定要杜绝狗狗往床或沙发上跑，主人也要让狗狗喜欢上它自己的床。

任何时候，当狗狗想跳上沙发或者床时，主人都要阻止，不要让它们把沙发或床当成自己的窝。当狗狗想睡觉时，要马上将它放到自己的狗狗床上。狗狗若反抗，可以给它一根骨头，让它在狗床上啃。如此训练数次以后，狗狗就会很温顺地待在自己的狗床上，慢慢习惯待在自己的床上休息和睡觉。

还可以买一个狗笼子，里面放个小垫子，晚上睡觉时把笼子门关上，这是比较简便的方法。这样狗狗每天晚上睡得很安稳，就像有自己的空间，同时还能保持房间卫生。记住，要在狗笼子中放点水，狗狗睡觉时有醒来喝水的习惯。

狗狗定点如厕

　　狗狗喜欢用气味来占领地盘，四处留下尿液就是宣示自己地盘的一种手段。但是，养成随地大小便的坏习惯绝不是件好事情，训练狗狗在固定地点大小便是许多主人的必修功课。

①**要让狗狗定点、定时如厕**：每天可固定在早、晚两个时间，带狗狗到设定为厕所的地点，陪伴并给予指令提示，直到其大小便完成。

②**要有奖励**：如果狗狗在定点处如厕，就要给它些奖励，例如赞美它、摸摸它的头或给它些小零食。

③**要指令统一**：全家人都要共同配合，用相同的口令和态度来训练狗狗，狗狗才不会产生混淆。

不要让狗狗撕咬物品

　　狗狗没事就喜欢撕咬东西，特别是处于成长期的狗宝宝。如果发现狗狗在啃咬物品，必须立即阻止，方法是当狗狗在啃咬物品的时候，立即把东西从狗狗的嘴巴中抽出来，如果狗狗咬着不放，可以用手轻轻把其嘴巴扒开，然后把物品拿走。在拿走物品的时候，主人可以反复地跟狗狗说："宝贝，不能吃。"要是狗狗不听话，仍旧不停地咬其他东西，主人可以斥责狗狗，或者轻轻地拍打它的鼻子、头部作为惩罚。当然，还可以给狗狗一些洁牙骨或者狗狗咬玩具，这些专门为狗狗设计的玩具，不仅能够给狗狗当"咬"的玩具，还能磨牙。当狗狗不再撕咬东西的时候，主人可以给狗狗一些鸡肉干或者牛肉干当作奖赏。

狗狗好朋友

初来乍到的狗狗，要怎样跟家中的成员和其他宠物好好相处呢？而什么样的狗狗最适合家中有小朋友的家庭呢？

POINT 狗狗和猫咪的情绪表达有别

狗狗和猫咪的反应

　　狗和猫似乎天生就是一对天敌，有些家中同时养了猫和狗的主人，会对两只互相追咬的宠物感到很头痛，这多半是因为双方在情绪表达上的差异：

①猫咪发出"呼噜呼噜"声，表示"对你有好感"；狗则会理解为"走开，否则我咬你"。

②狗狗对猫咪摇尾巴，表示"我想和你一起玩"；猫咪却将此意理解为"离我远点，否则我要发动攻击了"。

③狗狗伸出爪子表示友好，在猫咪的眼中，却是在向其挑衅。

狗狗与狗狗的相处

　　狗狗虽然是群居动物，但想把一只新来的狗狗引入家庭，和家中已有的狗狗融洽相处，是一门非常重要的学问，只有它们能够和睦相处，家里才不会出现"狗咬狗"的尴尬局面。把新成员介绍给其他老成员后，不要把注意力全部放在新成员身上，要不然家中已有的狗狗会起嫉妒心，表现出不满，有的狗狗还会变得暴躁，而且具有攻击性。公平地对待每一个成员，让新狗狗在家中四处活动，留下身体的气味，慢慢地，当之前的狗狗习惯这种新的气味后，也就会接受新成员了。在新成员刚到家中的时候，可以将两只狗狗分开喂食，等到它们相互熟悉之后，再一起喂食。

　　此外，把新来的成员带到家里，老成员会因觉得被"冷落"而产生负面情绪。为了缓和已有狗狗的情绪，让它们爱上新成员，可用较迂回的方法让它们相亲相爱。在陌生的场所让新老成员相互认识，然后再把它们一起带回家，是使它们和平共处的好方法，可以将争斗的可能性降至最低。另外，主人也可以使用牵引绳控制有攻击性狗狗的行动，让它不会伤害其他成员。等时间久了，它就会明白这样的行为会让自己变得不自由、不受欢迎，自然会有所改善。

让狗狗和猫咪和平相处

如果想同时拥有猫咪和狗狗，让它们成为好伙伴，就要根据它们各自的特性、性格和年龄，做适当的引导。

猫咪是比较灵敏、纤细的小动物，敏感胆小，不像狗狗喜欢群居，自尊心也强，爱吃醋，所以主人不要在猫咪的面前过度疼爱狗狗，以免让猫咪觉得狗狗抢了它的地盘和地位。为了让狗狗和猫咪们能和睦相处，也可以让一只狗妈妈带着猫咪长大，或者让猫妈妈带着狗宝宝成长。这样，就不会让狗狗、猫咪之间产生矛盾，同时还能培养出它们之间的感情。

将狗狗与猫咪隔离

狗的地盘意识非常强，通常不喜欢有新的动物入侵自己的领地，不论是自己的同类还是猫咪，狗都会排斥，它们担心这里不再是自己独有的地盘，并且会使自己在主人面前"失宠"。因此，在猫咪跟狗狗相处得不是很愉快时，主人可以将狗狗和猫咪隔离，免得狗狗攻击猫咪。

如果狗狗真的不喜欢跟猫咪共处，而主人又舍不得将任何一只送走，那就只能给猫咪找个退路，当狗狗把猫咪追得无路可去的时候，让猫咪有个栖身之处，比如主人要准备一个只有猫咪能钻进去的笼子或者小通道。这样，猫咪在疲于应付狗狗的时候，总能找个地方歇息。

适合孩子的乖狗狗

　　拉不拉多非常友善，情绪稳定，小孩缘极好，是对儿童很友好的犬种之一，但是其运动量较大，可让其多做丢接游戏。

　　黄金猎犬是很受欢迎的犬种之一，活泼贪玩且不爱吵闹，很适合家居生活，非常容易接受训练，尤其适合初次养狗的家庭，和儿童完全可以和平相处，而且很喜爱小孩。这种狗适合任何居住环境，但是需要每天有规律的散步和运动。

适合新手养的狗狗

　　法国斗牛犬很热情，对孩子充满耐心，永远是勇敢和忠诚的看护犬。虽然也很适合初次养狗的家庭，但是要注意法国斗牛犬比较容易激动，要防止它在兴奋时误伤儿童。且法国斗牛犬有一定的领地意识，要多让它与人或其他动物相处。

　　巴哥犬不同于其他犬种，它没有大喊大叫、欺负小孩和容易激动的坏毛病，是非常优秀的家庭伴侣犬。虽然不容易训练，但是巴哥犬依然很适合初次养狗的家庭。

狗狗动作训练

想要让狗狗学会坐下、趴下、握手等可爱的指令吗？只要跟着做，一点都不难，让主人轻松学会驾驭狗狗的好方法！

一个口令一个动作 _____

当主人说："乖，坐下！"狗狗就很听话地坐下来。这样的人狗互动，是多么值得骄傲的事情！要使狗狗能够听懂主人的话，首先，要从最简单的训练开始。

训练狗狗理解主人的口令，最好是在狗狗半岁大之后，不要在狗狗很小的时候对它进行这种口令训练。一旦狗狗理解了这种口令，就会记住一辈子。

最开始时，口令不能烦琐，最好是一个单字，不停地重复这个字，狗狗就会理解。可以把很多比较长的短语，浓缩成一个单字或者一个词语。开始时一边说"乖"，一边给狗狗吃东西。注意，先说"乖"再给食物的顺序十分重要；在说"乖"和给食物之间，稍稍停顿一下。很快地，狗狗对主人说的这个口令就会有反应，而且开始期待主人给它奖品。也就是说，主人已经成功地建立"乖"这个口令。现在主人可以很快地告诉狗狗：它做对了。重复做大约20次，狗狗就能记住这个口令了。

可以采用奖励和恐吓两种办法，如果狗狗做不到位，一定不要奖励，否则它永远不明白什么是正确的。恐吓也可以用打的，但是下手不要太重，轻轻拍打即可。

有的狗狗一天时间就能学会握手。以后，只要它发现主人生气了，就会主动伸出小手去讨好主人。

运用手势训练狗狗

狗狗跟人类的语言是不通的，在训练狗狗时，如果仅是跟狗狗用人类的口令语言来沟通，可能会比较困难。但如果手势和口令并用，可以让狗狗和主人之间的沟通更清晰简单，也会使主人的命令更容易被理解。这种互动一旦达成默契，主人不用说话，只要一个手势就能让狗狗理解主人想做什么。

怎么让狗狗理解这种手势呢？非常简单，就是在训练狗狗时，手势与口令同时发出，并要重复做，直到狗狗能够将这种反应刻在脑海中。狗狗能够很清晰地区分主人发出的指令，还要让狗狗能够区分细小指令之间的差距，比如坐下和卧倒的区别。训练狗狗时，手势要绝对一致，每次发出的口令和要求与狗狗做的事情应该吻合，主人自己首先不能混淆。训练狗狗时，手势要明显，狗狗的视力天生比较弱，同时，这也方便对跑动中的狗狗发出指令。

利用食物训练

主人可以在手上放一块食物，蹲在或站在狗狗面前，将食物放到狗狗的鼻子前面，让狗狗能够闻到食物的香味。然后一手轻放在狗狗的屁股上，准备好后说"乖，坐下！"并同时将放在狗狗屁股上的手往下压，再将诱饵微微往狗狗的上前方移动，让它有抬头的姿势，狗狗会自然而然地顺势坐下。待狗狗坐下之后，主人应该给狗狗一声奖励或者轻轻抚摸它的身体，同时将小零食喂给狗狗吃。

训练狗狗趴下

当狗狗学会坐下后，可以在此基础上训练狗狗趴下。这时，主人也需要用食物来诱导狗狗做这个动作。

当狗狗坐下后，将食物放在狗狗的左边或右边，让狗狗的视线随着食物向左或右边移动，当狗狗看不到食物的时候，为了它心爱的食物，狗狗还是会继续向左或者向右倾斜。这个时候，要固定狗狗的视线，让狗狗继续保持向左或右倾斜，慢慢地，狗狗就会随着食物一起倒到地上。当狗狗倒下时，可以将食物给狗狗吃，作为奖赏。

会握手的狗狗最可爱

会握手的狗狗，肯定会让陌生人觉得很可爱，狗狗得到他人的喜爱，主人也会非常开心。要让狗狗学会握手，其实非常简单。主人只要用心、耐心，狗狗一定会在很短的时间内学会握手。

主人可以坐在一张沙发上，然后让狗狗站立在双腿之间。让狗狗的前脚掌双脚离地，主人拿着一块食物说："乖，握手！"然后伸出自己的左手去握狗狗的右手，然后喂食给狗狗。每天都可以和狗狗练习这个动作，一天可以做 20 ～ 30 次，以加深狗狗的印象。相信你的狗狗很快会学会握手动作的。

教狗狗说"Bye-Bye"

　　会送主人出门的狗狗，多么惹人怜爱！主人出门前，总有只可爱的狗狗在主人的脚边，慢慢地尾随着主人，当主人到了门口，向它伸出一只手，左右摇一摇，说："宝贝，再见！"狗狗就立刻双脚站立，伸出一只小爪子，向主人挥一挥，这是多么温馨的画面！

　　主人可以很容易地训练狗做"再见"的动作。拿一块小零食，放到手中，不要让狗狗用嘴巴吃，而是将狗狗的前脚掌抬离地面，让狗狗用一只前脚掌来触摸主人手中的零食，这样让狗狗习惯双脚离地，且一只前脚掌伸出来的姿势。长时间训练以后，狗狗就会做这个再见的动作了。

可塑性非常强的动物

狗狗的"枪毙"游戏

　　首先使狗狗侧面躺在地上，发出"枪毙"的口令，辅以手势，还要强迫它闭上眼睛，训练时适当给予奖励。条件反射形成后，取消奖励，只需"装死"口令和手势，狗狗即可完成动作。

　　狗狗是可塑性非常强的动物，科学合理的训练，可以使它们成为备受欢迎的家庭成员。成功训练狗狗的关键，在于狗狗与主人之间深厚的感情和理解能力，而不应该也不可能完全依靠简单的打骂惩罚和食物奖赏来实现。

改正狗狗的坏习惯 ————————————

　　大多数的主人曾经遇到过这样的情况，不管见到谁，狗狗都会非常热情地扑向他。有时候，如果遇到怕狗狗的人，狗狗则会给对方造成麻烦。狗狗扑人是非常不礼貌的行为，当它有这种举动时，主人一定要矫正，主要可以从以下方面着手：

　　首先，要对狗狗讲"道理"，不要斥责它，狗狗觉得扑到一个人身上，是一种热情、撒娇的举动，并没有想到这样的行为会给主人带来困扰。所以，主人应该理解狗狗的热情。碰到这种情况的时候，不要马上大声斥责或者动手打它，而要用比较平常的肢体动作跟它互动，将它推开，把它的热情浇灭，或者让它的情绪平复下来。狗狗太过黏人，一定要训练它，让它明白主人出门是一件很平常的事情，它应该自己习惯在家，同时还要让狗狗明白，主人们偶尔也会喜欢相对安静的空间。

　　其次，狗狗扑上来时，要马上驯服它。当狗狗扑上来时，绝对不要惊慌失措，如果主人是坐着的状态，可以马上站起来，让狗狗退开；如果是站着，可以马上后退一步，让狗狗碰不到。若是狗狗仍然不放弃，就用膝盖或是身体把狗狗推到墙角。记住，不要用手一边推它又一边抚摸它，这样会让它混淆，以为主人是想亲近它。

　　最后，做基本服从训练。在狗狗有想扑人的动作前，立即下达基本的指令和手势，例如坐下、趴下等，这些都是转移狗狗注意力的方法。

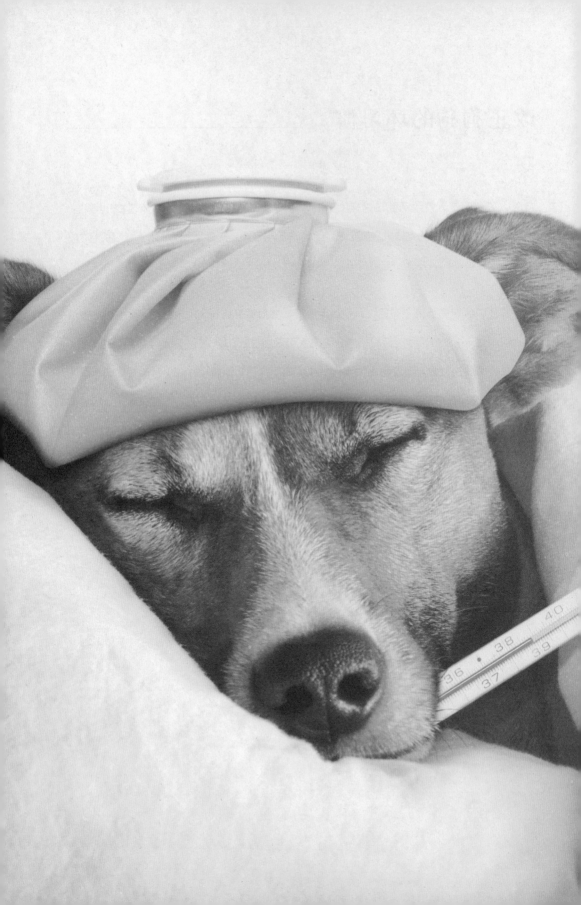

PART 05

狗狗生病怎么办？

狗狗们也像我们一样会罹患各种疾病，它们需要我们细心的照顾和良好的医护。万一你的宝贝狗狗生病了，怎么办呢？现在我们就一起来看看狗狗们常见疾病的预防和治疗方针吧！在掌握了这些知识之后，即使你的宝贝狗狗不小心生病，你也能立即给它细心的呵护和照料，让它迅速恢复健康可爱、活蹦乱跳的状态，不至于让病情恶化。

狗狗的
日常疾病预防

狗狗生病了也一样需要去医院，那可是需要花不少钱的！更重要的是，你的狗狗要承受很大的痛苦。所以，为了使你的宝贝不致承受病痛，要记住预防重于治疗，一定要充分做好狗狗的疾病预防工作。

一般疾病预防措施 ——————————————

疫苗注射和身体检查是最常见、最简单和最基本的疾病预防手段。身体检查一般会先看眼睛，如果发现狗狗经常用爪抓眼睛或不停眨眼，可能是它的眼睛出现了问题，感觉疼痛所致。再来看被毛和皮肤，替爱犬梳理被毛时可顺便检查它的皮肤是否健康，是否有跳蚤，是否有皮屑和脱皮现象。也要量体重，狗狗过瘦可能需要补充营养，过胖可能需要减肥。看脚趾则是检查脚趾之间和脚垫是不是存在可能引起感染的异物。另外，还要检查狗狗的牙齿、耳朵、粪便，若发现狗狗时常摇动头部或抓耳朵，且耳内发出恶臭的话，就说明有耳蚤了。若有牙结石甚至蛀牙，或发现爱犬的粪便太软，且带黏液和血丝，则得迅速就医。

疫苗注射如下：一个半月时施打幼犬六合一疫苗。两个半月时施打第一剂八合一疫苗。三个月时施打第一剂莱姆疫苗。三个半月时施打第二剂八合一疫苗。四个月时施打第二剂莱姆疫苗。四个半月时施打第三剂八合一疫苗与狂犬疫苗。一岁四个月时施打年度莱姆疫苗（以后每年一次）。一岁四个半月时施打年度八合一疫苗与年度狂犬疫苗（以后每年一次）。配种前的母狗视情况最好追加一剂八合一疫苗。

要特别注意的是莱姆病，是由伯氏疏螺旋体所引起的人畜共通传染病，经壁虱所传染，导致皮疹、心肌炎、丝球体肾炎、红肿、心导阻断和关节发炎等现象。由于是人畜共通疾病，如果你的狗狗常在外玩耍或者你与狗狗常亲密接触，建议你带你的宝贝去施打莱姆疫苗。这种疫苗是没包含在八合一疫苗之内的，要另外施打，成年犬每年一次，幼犬第一次施打要每月一次，连续两个月。

POINT　皮肤病和胃肠疾病

春、夏季疾病预防

春季狗狗开始换新毛，身体需要充足的营养，如果营养不足就会产生皮肤病。另外，紫外线的刺激，毛囊虫、疥癣虫的寄生，细菌、真菌的感染等都可能引起皮肤病。在春天气温上升时，跳蚤也开始活动。因此，生活环境要保持清洁，以免产生跳蚤。

夏季是胃肠疾病的高峰期，要特别注意卫生，每天更换饮水，餐具洗净消毒。在户外要让狗狗待在阴凉通风处，并给予足够的饮水。夏季炎热，狗狗游泳和洗澡的次数较多，要擦净残留在外耳道的水。此外，蚊虫是丝虫病的主要传染媒介，要注意驱除蚊虫。

秋、冬季疾病预防

秋季日照时间渐短，太阳照射不足的话，幼犬会患上佝偻病，而成年犬易患软骨病。要勤晒太阳，这样有助于吸收紫外线，刺激皮肤中维生素D的吸收，促进骨骼发育。

冬季小型犬和幼犬耐寒能力差，容易患呼吸系统疾病。感冒是百病之源，应及时治疗以除后患。幼犬感冒时，必须避免在粪便味很重的不洁场所饲养，否则可能引发慢性支气管炎。另外，还要注意避免小狗接触室内的保暖设备，以免烫伤。春节期间，要避免狗狗因摄入食物过多而引起消化不良，降低胃肠下痢和呕吐的概率。

狗狗的传染病

犬瘟热、狂犬病等都是常见的犬类传染病，要充分了解这些传染病的症状，并针对情况，进行有效防治。

犬瘟热和犬细小病毒性肠炎 ——————————

犬瘟热是由犬瘟热病毒引起的一种高度接触性、致死性传染病，死亡率很高，幼犬致死率高达 80%。主要传播途径是消化道和呼吸道，传染源主要是患病犬和带毒犬。

①**症状**：早期症状类似感冒，随后以支气管炎、卡他性肺炎、肠胃炎为特征，后期可见痉挛、抽搐。

②**易感率**：四季都会发生，冬春多发。不同年龄、性别和品种的狗狗均会感染，未成年幼犬易感率最高。

③**治疗**：注射犬瘟热单克隆抗体或高免血清，作为特异性治疗结合一般治疗。

④**预防**：犬瘟热有预防针可预防。可在幼犬 6 周大时，开始施打含犬瘟热疫苗的幼犬第一剂预防针。按时再追加第二剂，以后每年补强。一旦发生犬瘟热，应迅速将病犬隔离，禁止病犬与健康犬接触，并将犬舍和环境彻底消毒。

犬细小病毒性肠炎是由犬细小病毒引起的一种具高度接触性、传染性的传染病，死亡率仅次于犬瘟热，幼犬死亡率高达 50% ~ 100%。主要通过消化道传播，传染源主要是患病犬和带毒犬。

①**症状**：以频繁呕吐、出血性腹泻和急性脱水为典型症状，临床表现为血性肠炎和非化脓性心肌炎。

②**易感率**：各个年龄段的犬都可能感染，3 ~ 6 个月的犬易感率最高。

③**治疗**：注射犬细小病毒单克隆抗体或抗犬细小病毒高免血清，作为特异性治疗结合一般治疗。

④**预防**：定期免疫接种。

狂犬病

　　狂犬病又称疯犬病，是由狂犬病病毒引起的一种人和所有温血动物共患的急性直接接触性传染病，死亡率 100%。主要通过损伤的皮肤和黏膜传播，传染源是带此病毒的犬和野生动物。

①**症状**：以狂躁不安、行为反常、流涎和意识丧失、间歇性麻痹为突出症状。

②**易感率**：犬科动物有高度的易感率，带毒犬是人畜发生狂犬病的主要传染源。

③**预防**：每年注射狂犬病疫苗。

犬传染性肝炎

　　由犬腺病毒Ⅰ型（又称犬传染性肝炎病毒）引起的一种急性败血性传染病。主要是直接接触性传染，通过消化道传播，也可经胎盘感染胎儿。

①**症状**：主要表现为肝炎和角膜混浊（即蓝眼病）症状。

②**易感率**：各个年龄层的犬均会感染，以1岁以内的幼犬发病率和死亡率最高。幼犬多因严重贫血和脱水而死亡。

③**治疗**：注射特异性抗血清并结合一般治疗。

④**预防**：定期免疫接种。

狗狗的皮肤病

狗狗很容易患皮肤病，并且容易因为皮肤病而导致毛发脱落，影响外观美。所以，对狗狗皮肤病的预防、治疗非常重要。

狗狗常见的皮肤病 ——————————————

犬疥病是由犬疥寄生于犬皮肤所引起的接触性、传染性皮肤病。症状有皮肤剧痒、皮肤丘疹、红斑、出血、结痂、脱毛和皮肤肥厚等。治疗方式为伊维菌素200微克/千克体重，皮下注射，每周1次，连续使用2～3次。

毛囊虫病主要是由病虫寄生于犬皮脂腺或毛囊而引起的疾病。症状多为全身感染，口角潮红，面颊皮肤肥厚并形成皱褶，皮肤散布米粒大突起的红丘疹或脓疱疹，全身脱毛，皮脂溢出，生痂皮并有腥臭味。治疗方式为伊维菌素200微克/千克体重，皮下注射，7～10天1次，连续使用3～6次。

湿疹是皮肤的表皮细胞对致敏物质引起的炎症反应。症状有出现红斑、丘疹、糜烂、痂皮等皮肤创伤，并有热、痛、痒的症状。湿疹的发病原因较复杂，一般和过敏性体质有关，在外界物理性因素（如机械性压挤、摩擦、咬、抓、蚊虫叮咬）或化学性因素（某些内用药物、外敷药物、消毒药物）的作用下引发生成。皮肤不洁、污垢刺激、犬舍潮湿而导致皮肤抵抗力降低，也会引起湿疹。治疗方式为多注意环境卫生和饮食习惯，保持通风干爽。同时实行药浴、涂抹、内服等，视情况而定。

皮肤炎是皮肤真皮和表皮的炎症，病因很多。症状有发病时皮肤出现片状、条状或不定形状红肿，有渗出时可有痂皮覆盖；当皮肤有损伤时有糜烂或溃疡出现，局部有痛痒感；当皮肤被大量炎症渗出物覆盖或感染慢性皮炎时，可见皮肤被毛脱落、皮肤增厚、皲裂的现象。治疗方式为找出正确病因、对症治疗。

狗狗的寄生虫病

寄生虫病也是狗狗常患的病症。注意培养狗狗良好的饮食卫生习惯，观察狗的异常现象，以确保及早发现并治疗寄生虫病。

扰狗的寄生虫病 —————————————

犬蛔虫病是由犬蛔虫和狮蛔虫寄生于犬的小肠和胃而引起的一种肠道线虫病。主要危害对象是幼犬。症状主要表现为消化障碍、消瘦、腹围增大等症状，严重时可在呕吐物和粪便中看到蛔虫的成虫。防治方法为彻底清洁犬舍环境，并予以消毒。病犬可服用披帕拉辛、阿斯克、西德拜耳综合驱虫药来驱虫。

犬钩虫病是由犬钩虫和狭头钩虫寄生于小肠内而引起的疾病。症状主要表现为瘦弱、贫血、食欲不振、异嗜、呕吐、四肢浮肿和口角糜烂等症状。防治方法与防治犬蛔虫病相同，定时服药即可。

犬绦虫病是由多种绦虫寄生于小肠内所引起的常见寄生虫病。症状有肛门不适、消化不良、食欲不振、腹痛、消瘦、贫血、粪中排出米粒大小的节片。防治方法为维持犬舍清洁，定时驱虫。

犬心丝虫病 —————————————

犬心丝虫经由蚊子叮咬而传播，任何品种年龄的犬只，无论户内户外、一年四季都可能感染犬心丝虫。一般常见的症状为咳嗽、精神不振、食欲减退、运动耐力降低、易喘及疲惫、呼吸困难，严重感染甚至会出现咳血、贫血、腹水、心肺肝肾功能衰竭，甚至造成死亡。预防是杜绝犬心丝虫病的最佳策略，让爱犬每月服用抗心丝虫药，就能 100% 预防犬心丝虫病。

意外伤害急救

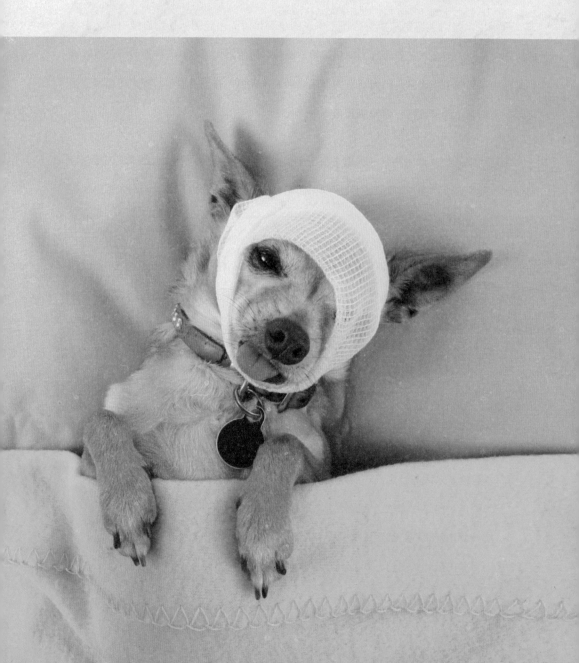

146

狗狗意外伤害急救 ————————————

狗狗在日常生活中可能遭遇的意外伤害及紧急处理方法如下：

①**车祸**：轻轻将狗狗抱起，放在大毛巾、纸箱或篮子里，一面准备车辆，一面联络医院。在赶往医院的路上，轻轻地清理污秽。若出现呕吐、窒息、呼吸困难，可以将狗狗的头部朝下，拉出舌头。如出现发冷症状，可用大衣、毛毯裹住它的身体以保温。

②**烧伤**：可用冷水、冰水轻敷，包上消毒纱布，并保持湿润。

③**中暑**：狗狗中暑的反应是高烧、急喘、四肢无力、抽搐、流涎。应立刻将其移至阴凉处或泡冷水、冰水，持续地测量肛温；如果狗狗感觉到冷就立刻加温，并且尽快送医院。

④**中毒**：症状是腹部紧实、狂叫、上吐下泻、抽搐、颤抖、呼吸沉重、昏厥、出血。此时先查看狗狗吃了什么药物，把药物标签或药物一起带着送医院。腐败的食物、油漆、杀虫剂、农药和强酸、强碱的食物，或有毒的菌类、清洁剂、漂白水、安眠药、镇静剂、感冒药，都有可能造成中毒。

⑤**割伤、咬伤**：可用肥皂水洗净伤口，并压挤止血，用消毒纱布或干净毛巾包裹后送医院。

⑥**骨折、脱臼**：如果从高处落下、被车撞、被殴打，狗狗就有可能骨折或脱臼。骨折后，骨头的断端以下会松塌地拖着走，主人可以轻易察觉；脱臼时，狗狗的脚不敢着地。此时可以先进行简单的固定，一面清除污泥，一面找家能拍摄X光片的医院，尽快就医。

⑦**晕车、晕船**：黏膜和牙龈变苍白，会呕吐、流涎，休息一段时间后会好转；上车上船或上飞机之前8小时内不要让狗狗进食、喝水，或请医生开药事先服用。

⑧**毒蛇咬伤**：切开伤口，挤出毒血，靠近心脏处用止血绷带绑紧，半小时后松绑再扎紧。要查明是哪种蛇咬伤的，以便速购抗血清及采取其他方法处理。

PART 06
如何让狗狗干净又漂亮 & 狗狗秘密全知道

爱美之心，狗也有之！你在为自己梳妆打扮的同时，也不要忽略了可爱的狗狗们。帮你的狗宝宝们洗洗澡、梳梳毛、剪剪指甲，为狗绅士、狗淑女们挑选合适的衣服，再牵你的宝贝狗狗去遛遛吧！

狗狗必做的
美容及清洁工作

　　给狗做的基本美容，其实就是要让狗清洁、干净。针对这个目的，主人最主要的任务就是要帮狗洗澡、剪指甲、刷牙、清理耳朵、清洁嘴角、梳理毛发，检查并清除跳蚤、虱子等。还有，狗某些身体部位的毛发应该定期进行修整，比如嘴角、耳朵、脚，这些部位的毛发的修剪并不是为了美观，而是为了狗能更方便地生活，不会被杂毛影响而降低生活质量。

　　如果是长毛狗，那就应该小心打理狗的毛发。长毛狗的毛发容易打结，并且白色毛发的狗容易变脏，影响美观。这些都是最基本的美容工作，只能让狗成为一只干净的小宠儿，希望让自己的狗变得更有个性、更漂亮，则可以做一些其他的美容项目，比如剪毛、扎头发等，让狗狗变得时尚又漂亮。

为何要帮狗狗洗澡？

狗洗澡就和人洗澡一样，能够保持身体皮肤的清洁和健康，这样不仅有利于狗的生长，还有利于家庭成员的健康，更能够维持家庭环境的干净整洁。

6个月以内的狗宝宝由于抵抗力较弱，易因洗澡受凉而发生呼吸道感染、感冒或肺炎。因此，幼犬不宜水浴，以干洗为宜。

但是主人必须注意的是，狗天生比较怕水，尤其是年纪比较小的狗宝宝，如果地上有少许水，它也会避开走。因此，要训练狗喜欢洗澡，必须慢慢来。在狗比较小的时候，不要将狗抱到浴缸中清洗，最好是准备一个脸盆，在脸盆中倒入温水，让狗站在脸盆中洗澡。等狗熟悉了水的触觉后，主人就可以慢慢地将狗放到浴缸中。

另外，洗澡时不要让狗的耳朵和眼睛中进水，也不要让狗有溺水的危险。将狗放到水中，用温水将狗的身体润湿，等到狗身体全部湿润后，挤出狗狗专用洗毛液，将洗毛液打起泡沫后，轻轻在狗狗身体上揉搓。冲洗前用手指按压肛门两侧，把肛门腺的分泌物都挤出来。然后，慢慢地用莲蓬头冲洗狗狗的身体即可。

帮狗狗洗澡注意事项

　　洗澡前一定要先梳理毛，这样既可使缠结在一起的毛分开，防止被毛缠结变得更加严重，也可把大块的污垢除去，便于洗净。梳理时，为了减少疼痛感，可一只手握住被毛根部，另一只手梳理。洗澡水的温度不宜过高或过低，最佳温度为春天36℃，冬天37℃。洗澡时，一定要防止洗毛液流到狗狗的眼睛或耳朵里。冲水时要彻底，不要使肥皂沫或洗毛液滞留在狗狗身上，以免刺激皮肤而引起皮肤炎。洗澡应在上午或中午进行，不要在空气湿度大或阴雨天时洗澡。洗后应立即用吹风机吹干或用毛巾擦干，不能将狗狗放在日光下待其晒干。

帮狗狗洗澡的步骤

STEP1　测试水温

将狗狗放进浴池，用手测试水温，在37℃左右即可。

STEP2　淋湿身体

淋湿狗狗身上的毛，注意将狗狗的头部稍微抬高，以避免把水弄进它的眼睛、鼻子。

STEP3　倒洗毛液

倾倒洗毛液在狗狗身上，用手搓揉出泡泡。

洗得香喷喷，舒服又开心，也能减少皮肤病的发生。

STEP4　搓洗头部

用手按摩搓洗狗狗的头部，仔
细将头部的毛发都搓洗一遍。

STEP5　搓洗脖子

用手按摩搓洗狗狗的脖子，仔
细将脖子的毛发都搓洗一遍

STEP6　搓洗身体

用沐浴海绵搓洗狗狗的身体，
身体的每一寸都要搓洗到。

应该隔多久帮狗狗洗一次澡？

狗狗洗澡的频率取决于品种和天气，通常狗狗在夏天洗澡的频率比冬天高，夏天可以每3～4天给狗狗洗一次澡，冬天则可以每周给狗狗洗一次澡，也可以延长到7～10天给狗狗洗一次澡。另外，长毛狗洗澡的频率会比短毛狗高，狗毛发比较长，比较难打理。只要狗狗毛发打结比较厉害，灰尘比较多，身上味道比较重，就可以给狗狗洗澡了。毛发比较短的狗狗，如果毛发的颜色变深，也可以给狗狗洗澡。

帮狗狗洗澡的步骤

 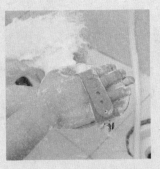 

STEP7 搓洗前脚

狗狗前脚和脚缝的部分，要注意搓洗干净，洗肉垫时要轻柔一点。

STEP8 搓洗后脚

狗狗后脚和脚缝的部分，要注意搓洗干净，洗肉垫时要轻柔一点。

STEP9 搓洗屁股

狗狗的屁股要仔细清洗，可以顺便帮狗狗挤肛门腺。

一定要仔细地帮狗狗吹干毛发，不可自然风干。

STEP10 温水冲洗

以温水冲洗狗狗的全身，每一个地方都要冲洗干净，不要使泡沫留在狗狗的皮肤上。

STEP11 重复洗一遍

重复3～10步骤再洗一遍。洗完后，立即用毛巾包住狗狗头部，并将水擦干。

STEP12 吹干毛发

如果狗狗没有罹患皮肤病，可以用吹风机将其毛发吹干，不要忽略一些细小的地方。

帮狗狗把耳朵掏干净

　　狗的耳道很长，经常会聚集粉尘、油脂、污垢等，堆积时间一长，狗的耳朵容易发出臭味，甚至会感染发炎。大耳朵的长毛狗更容易堆积污垢，使耳朵潮湿发炎，更应该经常清理狗的耳道。如果狗经常抓耳朵，或者耳朵有异味时，就代表该清洁它的耳朵了。

　　耳垢清除方法很多，现在有专门的宠物滴耳液，可用于清洁狗的耳朵。要是狗的耳朵比较小，可以用棉花棒沾滴耳液给狗清理耳道。给狗清理耳朵的时候，应该注意不要使狗狗感到疼痛。在护理狗耳朵的时候，也应该注意修整狗耳朵附近的毛发，以免狗耳朵里面聚集更多的污垢。

如何帮狗狗掏耳朵?

清洁狗耳朵的时候,可以将狗的头放到主人的膝盖上,让狗侧躺,一只耳朵朝外,固定住狗的头。然后将滴耳液滴在棉花棒上,将棉花棒放入狗的耳朵里面,慢慢转动棉花棒,以便清理耳道。也可以把狗的耳朵外侧轻轻翻过来,扣在头上,让耳道露出来。滴进洗耳水,然后把耳朵翻回来,轻按耳朵,同时用手控制住狗的头,防止它甩出洗耳水,坚持几秒钟,让洗耳水流到耳道深处,再用棉花棒擦掉外耳及耳道内的脏物。接着,以同样方法清洗另一只耳朵,注意不能让狗抓挠耳朵或舔药液。

帮狗狗掏耳朵的步骤

STEP1 翻开外耳

把耳朵外侧轻轻翻过来,露出耳道,滴进洗耳水,然后把耳朵翻回来,轻按耳朵。

STEP2 擦去耳垢

坚持几秒钟,让洗耳水流到耳道深处,再用棉花棒擦掉外耳及耳道内的脏物。

清理狗狗的泪腺

　　狗狗会流眼泪，而且在眼睛两旁会留下褐色的固体物质。主要是因为狗狗的泪腺分泌较旺盛，由于泪管与鼻子相通，如果有脏东西进入眼睛里，就会导致鼻泪管堵塞，这时候狗狗就会不停地流泪。如果不及早疏通鼻泪管，就会引起眼睛发炎，致使狗狗不停地挠眼睛，对眼睛造成伤害。如果狗狗眼睛发炎，可以给狗狗的眼睛点红霉素软膏，每天点上1～2次，一般5天就会见效，给狗狗眼睛用外用药膏要比用液体药水效果好。如果狗狗眼部没有炎症，当狗狗流眼泪的时候，可以找几根棉花棒，一只手轻轻抬起狗狗的下巴，另外一只手拿着棉花棒，轻轻地擦去狗狗眼角的眼泪和固体物质，保持狗狗眼睛的清洁。

如何帮狗狗清理泪腺？

　　泪液长期浸渍在内眼角处，可能引起发炎，因此主人要勤劳地帮狗狗清理泪腺。平时只要把狗狗的眼睛撑开，用纱布沾上洗眼水轻柔地擦洗即可，要注意不可用棉花清洗，因为棉花容易黏住眼睛，会令狗非常难受。如果有过多的分泌物，可用硼酸溶液洗掉，清洗时要小心，如果滴在毛发上，可能会留下污渍。最后给狗狗滴几滴眼药水，可以让狗狗的眼睛更舒服。

帮狗狗清理泪腺的步骤

  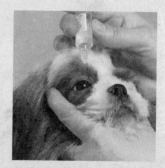

STEP1　撑开眼睛

把狗狗的眼睛撑开，不可以太用力，要固定住狗狗的头部，不让狗狗乱动。

STEP2　以纱布清洗

将纱布用洗眼水浸湿，然后抹洗狗狗的眼睛。清洗时动作要尽量轻柔，以免将眼球弄伤。

STEP3　滴眼药水

滴几滴眼药水在狗狗的眼睛上，可以让狗狗的眼睛感到舒服一些。

让狗狗香喷喷

对症下药才能解决狗狗身上的异味：

①如果是口臭，要经常为狗狗刷牙，还要让它多吃些洁牙类零食。

②如果是耳朵有异味，应为狗狗清洁耳朵。宠物滴耳液或洗耳水就能轻松解决这个问题。要是耳朵发炎，应找兽医师检查。

③如果狗狗肛门很臭，那就要给狗狗挤肛门腺。如果长时间不挤肛门腺，狗狗的肛门就很容易发炎，并且奇臭无比。

④如果狗狗得了皮肤病，也容易发臭、脱毛，最好立即就医。

让狗狗拥有一口好牙

　　狗狗的牙齿非常坚硬，它主要是用牙齿来咀嚼食物，当牙齿咀嚼完食物后，残存的食物会留在牙齿缝隙之中，如果不立即清理，就会出现口臭、长牙垢、牙龈发炎等问题。主人可以每天为狗狗刷牙，但是不要用人类使用的牙膏，可以买犬只专用的牙粉，每周为狗狗清洗一次，也可以给狗狗吃一些洁牙的零食，这些东西也可以达到清洁牙齿的目的。此外，食物的温度对狗狗也很重要，如果狗狗经常吃太热的食物，到了老年的时候，牙齿就容易脱落，所以食物最好不要超过50℃。

帮狗狗刷牙的步骤

  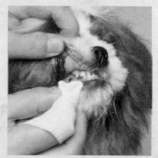

STEP1　以牙刷清洗

在牙刷上挤上宠物专用牙膏，一只手把狗狗的嘴唇翻起，用牙刷上下左右刷洗它的牙齿。

STEP2　以纱布清洗

如果狗狗不喜欢刷牙，可以将纱布缠在手指上，擦拭它的牙齿和牙龈，对去除牙垢也很有效。

STEP3　擦拭按摩

用另一只手掰开狗狗的嘴巴，用戴纱布的手指轻轻擦拭牙齿和按摩牙龈。

POINT 剪指甲保护狗狗不受伤

帮狗狗修剪指甲

　　经常在户外活动的狗狗，由于脚指甲经常跟地面接触摩擦，长出来的指甲能够被磨平。如果狗狗很少在户外活动，运动量比较小，狗狗的脚指甲不会被磨平，时间一长，当狗狗站立时，脚就会感到疼痛。狗狗指甲过长，会使狗狗足部感到疼痛；狗狗长长的指甲，容易使狗狗的足部感染，让狗狗的脚底出现裂痕。因此，给狗狗修剪指甲是主人的必修课。有些主人长时间不给狗狗修剪指甲，结果造成狗狗指甲破裂、流血，造成足部发炎，对狗狗的身体健康非常不利。平时多让狗狗习惯指甲刀，没事就让狗狗看看、闻闻，习惯后就不害怕了。如果狗狗不喜欢剪指甲，不要急于求成、妄想在5分钟内解决所有的事情。可以慢慢地给狗狗修剪指甲，一个一个来。

剪指甲小秘诀

　　日常的指甲修剪，除使用专用指甲剪外，最好在洗澡时，等指甲浸软后再剪。修剪前，要先将狗狗的脚固定好，以免它乱动造成伤害。要注意的是，每一个指爪的基部均有血管神经，因此修剪时不能剪得太深。修剪时，将指甲剪平即可，不要太过挑剔以免弄巧成拙。如剪后发现狗狗的行动异常，要仔细检查指部，检查有无出血或破损，若有破损，要立即擦涂碘酒。除了剪指甲外，还要检查脚枕有无外伤。另外，指爪和脚枕附近的毛应经常剪短，以防狗狗滑倒。

帮狗狗剪指甲的步骤

STEP1　固定狗狗

将狗狗的脚固定好，以免它乱动而造成不必要的伤害。

STEP2　剪平指甲

将指甲剪平，剪除指甲的三分之一左右即可，并用锉刀将其磨平整。

STEP3　剪短多余的毛

指爪和脚枕附近的毛，要小心地剪短，以防狗狗滑倒。

为什么要挤肛门腺？

　　肛门腺是狗狗的一个腺体，是肛门两侧偏下方、皮肤黏膜内的一对外分泌腺体。位置在狗狗的肛门两侧，左右各一个且各有一个开口，主要作用是分泌一些刺激性气味，作为狗狗自己的标志。狗狗肛门腺液累积时间长了，就要进行必要的清洁，以防止发炎。有时，主人看到狗狗在地上磨屁股，那就有可能是狗狗的肛门腺出口阻塞出现炎症了。轻度阻塞时，狗狗会在地上磨屁股或是跷脚舔屁股；严重时因肛门腺肿疼痛，会使狗狗排便困难，甚至会引起其他病痛。所以，对肛门腺的清洁不可不注意，主人最好在每次给狗狗洗澡之前，进行挤压清洁，因为肛门腺液很臭，清洁后，洗澡可去除臭味。

正确挤狗狗的肛门腺

　　在帮狗狗清理肛门腺的时候，注意自己不要离狗狗的肛门太近，以免被挤出的脏东西喷到。让狗狗趴着，露出肛门，将手指放在狗狗肛门边的两侧处用力挤压，就会将脏东西挤出来。有的狗狗会喷出黄褐色而且非常臭的东西，有的狗狗只有一点，经常吃肉的狗狗更需要挤。注意手法：由内而外、由轻到重。定期挤压、清理狗狗肛门腺非常重要，不仅是为了驱除其身上的体臭，还可避免引起肛门腺炎症。记住，挤的时候，最好拿卫生纸或棉花盖在肛门上，以免秽物溅到身上。

修剪狗狗毛发的技巧

　　剪毛主要是针对长毛的狗狗，主要作用是为了使它的外观更加干净、整洁、漂亮。剪毛时要小心，不要剪伤狗狗的皮肤。狗狗的皮肤往往弹力不大而松弛，当拉起被毛修剪时，一不小心就会将皮肤剪破，狗狗凭它受伤害的经验，日后就会逃避或厌恶修剪被毛。所以一定要将剪刀与皮肤呈平行状，逆毛方向修剪或由下往上剪，才不致剪坏它的皮肤。给狗狗修剪毛发的手法很多：理短，即用理发推将被毛推平剪短；剪平，用剪刀将毛剪平；敷毛，即用热毛巾包住犬的被毛，将弯曲的被毛弄直，多用来整理较长的被毛；剪薄，用齿状理发剪将又厚又长的被毛剪薄；割短，用齿状剃毛刀将被毛割短。除此之外，还可以烫发、卷发，或将被毛弄成一定的形状。

帮狗狗剪毛的步骤

STEP1 修剪前腿

首先剪前腿部分的被毛，方便其活动，并增添灵活性。

STEP2 修剪前胸

将前胸的毛修剪成圆弧状，看起来美观又舒适。

STEP3 修剪后腿

大腿后侧上半部分的毛可以稍微留长一点儿。

狗狗的毛发经过修剪后，柔顺又漂亮，赏心悦目。

STEP4　修剪肛门周围

肛门周围长有很多长毛，在大便时易造成污染，因此每隔2～3个月就应修剪一次。

STEP5　修剪尾巴

尾巴上的毛太长了，不仅影响美观，也不利于行动。

STEP6　修剪外耳道

外耳道有较多的长毛，应定期修剪或拔除。拔毛时应分次拔除，一次拔除易引起感染。

修剪生殖器毛发的技巧

　　狗狗在大小便后，脏东西容易黏到生殖器附近的毛上，这样不仅容易使身上产生异味，还容易造成生殖器附近发炎。主人给狗狗修剪生殖器毛发的时候，须注意用比较平实的剪刀，或者是用电动剪刀为狗狗剪生殖器的毛发，刀头要伏贴地放在狗狗生殖器附近，不要让刀头跟狗狗的身体平行。主人在给狗狗剪毛发前，先用手将生殖器附近的毛发拨弄蓬松，这样比较方便操作。在给狗狗剪毛发的时候，应该从腹部开始，由外往里，注意力度要轻，不要太用力，以免刮伤狗狗的皮肤。剃毛的时候，应该是从狗狗的下腹开始，顺生殖器方向，呈 U 字形修剪。

了解狗狗掉毛的原因

　　狗狗掉毛是令所有主人伤脑筋的事情。希望解决这种恼人的问题，主人一定要了解狗狗掉毛的原因。归结起来，总共有四个方面的原因会造成狗狗掉毛。

①狗狗在春、秋两季容易掉毛，这属于季节性掉毛，非常正常。

②某些皮肤病也会导致狗狗掉毛，例如皮肤瘙痒、湿疹、皮肤真菌病、过敏性皮炎等疾病。

③狗狗体内缺乏营养元素也会导致掉毛，例如维生素和矿物质不足。

④有时候，给狗狗洗澡用的洗液，如果不适合狗狗的皮肤，也会造成狗狗掉毛。

别让狗毛漫天飞舞

狗狗因为太热而中暑或掉毛，这是一种很正常的生理调节。在这段时间里，不用特意给狗狗补充营养或者能量，只要让狗狗保持正常饮食就好，但是要注意，要让狗狗摄取充足的水，喝水能够降低狗狗中暑的概率。在狗狗换毛期间，主人要勤于为它梳理毛发，可以将狗狗身上已经脱落但是没有掉落的毛发梳理下来，这样不仅能够让狗狗身体更加轻松，还能够防止毛发打结，易于打理，也可防止狗毛弄得满屋都是。狗狗在掉毛期，主人一定要保持家中的清洁，养白色狗狗的主人，最好不要穿深色衣服，否则容易沾满毛，看起来会感觉脏兮兮的。

梳理狗毛的好处

　　经常为狗狗梳理被毛，除了可以除去被毛上的污垢和灰尘，防止被毛打结外，还可以促进其血液循环，增强皮肤抵抗细菌的能力。主人经常帮狗狗梳毛，可以把原本脱落的毛一起梳下来，减少狗毛在家中到处飞扬，否则不利家中人员健康，也容易引发过敏。所以梳理狗狗的毛发，对家人和狗狗的健康都有利。狗有到处东闻闻、西嗅嗅的习惯，容易吃进异物。如果室内有大量落毛，狗狗在室内活动时，很容易吃进这些落毛，吃得过多就会影响狗狗的消化。主人在梳理狗毛的过程中，不妨和狗狗对话，夸奖它真乖等。只要狗狗被梳得很舒服，以后就会爱上梳毛这件事。

帮狗狗梳毛的秘诀

　　帮狗狗梳毛时动作应柔和细致，不能粗鲁，否则狗狗会感到疼痛。梳理敏感部位，例如外生殖器附近的被毛时，尤其要小心。梳理时，发现蚤、虱等寄生虫，应立即用细钢丝刷刷拭或使用杀虫药物治疗；另外要注意观察狗狗的皮肤，清洁的粉红色为良好，如果呈现红色或有湿疹，则提示有寄生虫、皮肤病、过敏等可能性，应立即治疗。若狗狗的被毛太脏，在梳毛的同时，应配合使用护发素（1000倍稀释）和婴儿爽身粉。对毛打结较严重的狗狗，应以梳子或钢丝刷顺着毛的生长方向，从毛尖开始梳理，再梳到毛根部，一点一点地进行，不能用力梳拉，以免引起疼痛或将毛拔掉。无法梳顺时，可将打结部分剪掉，待新毛逐渐长出。

帮狗狗梳毛的步骤

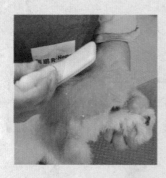  

STEP1　固定狗狗

先用手把乱动的狗狗固定好，再使用专用毛梳开始梳理毛发。

STEP2　梳理头部

帮狗狗仔细梳顺头部的毛发，动作要尽量轻柔。

STEP3　梳理胸部

帮狗狗仔细梳顺胸部的毛发，有打结处不可硬扯，要慢慢地梳开。

经常帮狗狗梳毛，狗狗的毛发才会光泽亮丽。

STEP4 梳理前脚

帮狗狗仔细梳顺前脚的毛发，如果狗狗的脚一直乱动，要小心别弄伤狗狗。

STEP5 背部和侧腹部

帮狗狗仔细梳顺背部和侧腹部的毛发，该区域毛发的范围较大，要全部梳到。

STEP6 后脚和尾部

帮狗狗仔细梳顺后脚和尾部的毛发，尾巴的毛比较不好梳理。

狗狗也爱美

编辫子可以留住长毛狗狗的特征，主人在给狗狗编辫子的时候，应事先将狗狗的毛发梳理顺。然后，可以选择在狗狗的耳朵和嘴巴附近扎辫子。在耳朵附近扎辫子的时候，可以运用专门的锡箔纸，因为锡箔纸可以让辫子看起来更挺拔、更有精神。针对不同的性别，可以用不同的头绳或者橡皮筋给狗绑小辫。其次，应根据狗狗的品种决定是否给狗狗绑辫子，比如马尔济斯、约克夏、西施和长毛贵宾等犬种比较适合绑辫子。狗狗的衣服则种类繁多，应该要选择透气性佳的衣服，让狗狗可以穿得舒服、保暖又美观。

帮狗狗编辫子的步骤

STEP1　毛发分成两半

把狗狗头部的长毛分成两半，用梳子仔细梳理。

STEP2　扎上辫子

分别在两边为狗狗扎上辫子，为了使毛不打结，可用专用锡箔纸包住后再绑橡皮筋。

STEP3　系上蝴蝶结

为狗狗系上漂亮的蝴蝶结。

穿上各种衣服的狗狗，既保暖又时尚。

帮狗狗穿衣的步骤

STEP1　披上衣服

将适合狗狗大小的衣服披在安静站立的狗狗身上。

STEP2　前脚穿过袖口

把狗狗的一只前脚抬起，穿过衣服的袖口，其另一只前脚也穿过袖口。

STEP3　扣好衣服

将狗狗的前脚抬起，然后另一个人把位于狗狗腹部的拉链或粘扣弄好。

狗狗秘密全知道

狗狗的主人们，有许多关于狗狗的问题不清楚，不论是狗狗吃的方面、用的方面，狗狗的身体状况，还是狗狗喜欢的、讨厌的事物，在狗狗问答篇中都可以找到答案喔！就让我们一起来多多了解家中的萌狗宝贝吧！

领养什么样的狗狗要看您自身需求

小狗非常有趣，但主人需要付出很多心思和力气加以呵护，在最初几个月，它需要时时有人陪伴，陪它熟悉新家，并指导和鼓励它养成良好的行为习惯。成年的狗可能已经养成良好的卫生习惯，不需要你时时照顾。但是如果大狗已经养成了不好的行为习惯，这将是很难纠正的毛病。这些毛病可能是来自昔日的精神创伤，会使它很难与人亲近。选择什么样的狗完全取决于主人自身的综合考虑，领养时要根据需要权衡利弊。

2

狗狗最喜欢
让人抚摸什么部位？

　　狗狗喜欢被人抚摸的部位有头部后端、下巴、背部和前胸，经常抚摸狗狗的这些部位

能够拉近主人和狗狗的距离，增加狗狗和主人的相互交流。而胸部、耳朵后面和颈圈周围，

则是狗狗喜欢的搔痒部位。

3

夏天没活力，
狗狗是不是很怕热？

　　狗狗的身上只有脚掌上的肉垫能够散热，其他很多地方虽然长有汗腺，但是都被毛覆盖着，很难有效降温。如果把狗狗丢在高温环境中，它们会很快中暑，甚至还可能引起更严重的后果。所以，天气炎热的时候一定不要把狗狗丢在车里或密封的房间里，也不要拴在不够阴凉和缺水的地方。在炎热的夏季，应该把狗狗放在凉快的地方，并且在它身边放足够的水。

4

狗狗的嗅觉
为什么会那么重要？

对于犬科动物而言，气味可以提供很多丰富信息。对人、物体、其他动物，狗狗都会仔细地嗅上几遍，这是它们的习惯行为。我们常常看见两只初次见面的狗狗，它们花上很多时间来研究对方的味道，特别是臀部周围。这是因为狗狗的粪便、尿液、肛门等位置的不同气味，都能够告诉其他狗狗很多有用的信息。

有些视力差的狗狗能借助自己的嗅觉，照样生活得很好。有些狗狗甚至还能成为缉毒英雄，正是因为它们出色的嗅觉能够帮助警察寻找毒品的隐藏位置。

5

如何纠正
狗狗咬人的坏习惯？

在狗狗玩耍的时候要注意，一旦发现狗狗使用牙齿，就要马上严厉地对它说："不！"然后走开一段时间，不理睬它。如果狗狗还是屡教不改，可以把它关进笼子里，或者把它送到另一个房间关上一阵子。

6

狗狗如果
过量喝水正常吗？

过量饮水一般是身体内分泌失调的前兆，或是因为狗狗的排尿量突然增加，需要依靠大量饮水以补充流失的体液。如果狗狗的异常饮水习惯持续了几天，就应当及时带狗狗以及狗狗的尿样到医院检查。

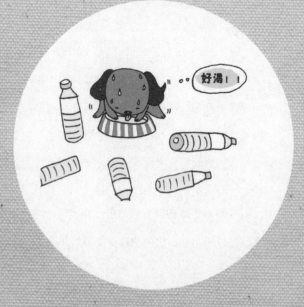

7

**为什么夏天
狗狗喜欢乱抓全身？**

　　如果狗狗生有寄生虫，狗狗会不停地抓，如果引发皮肤感染更是又痒又痛。还可能是因为狗狗有过敏现象发生。导致狗狗过敏的原因有很多，跳蚤的唾液、家居尘螨、花粉都可能对它造成影响。天气炎热时，跳蚤和花粉的活动比较活跃，因此夏季狗狗非常容易出现皮肤过敏现象。对皮肤过敏症的诊断，通常是通过排除其他引起皮肤瘙痒和感染元素而推断得出的，也可通过皮肤测试鉴别出真正的过敏源，以便对症下药。

8

狗狗害怕
上医院怎么办？

狗狗生病后，必须送医就诊。一般而言，有过上医院的痛苦经历后，狗狗通常会产生相当排斥的行为。在下一次前往医院的路上，狗狗会赖着不走，或者一躺上手术台就发抖，想逃走。这时候身为主人的你，一定不要因为心疼它、怕它吃苦而不送它去医院，否则一旦病情恶化，将后悔莫及。如果狗狗很害怕上医院，最好是同时带着它平时喜欢的玩具，在路上不断地鼓励它。

9
**狗狗也要
学会狗狗界的社交吗？**

　　狗狗的社交是指小狗逐渐熟悉其他动物和人的过程，正常的社交活动能让它们更加自信和愉快。小狗出生后的 3 ~ 14 周，是成长的敏感期，主人应该尽量培养它应对外界刺激的本领，以便在日后生活中能顺利应对。

10
**狗狗的寄生虫
会不会传染给人呢？**

　　如果你的狗狗身上有寄生虫，一定要及时处理，因为这些寄生虫不但对狗狗的健康有害，还会影响到人类。人类如果不小心吞进犬蛔虫卵，即使量很少也有可能导致感染，甚至还会出现失明情况。因此，一定要养成良好的卫生习惯，并采取一些合理解决措施，防止狗狗生有寄生虫，以充分保证狗狗和人类的健康。